林育真简介

　　1937年生，山东师范大学教授，研究生导师，多年担任动物学硕士研究生点专业负责人，长期从事动物生态学及动物地理学的教学与研究。个人撰写、译著及参编出版图书26部，在国内外发表论文52篇。曾通过国家级德语达标考试（GPT），得到国家教育部、德国学术交流中心（DAAD）及德方大学的资助，多次公派赴德国实施并完成多项国际合作研究课题，部分研究获省级奖励。一贯热心科普工作，致力于科普创作，获山东省第二届优秀科普书及科普短文两项一等奖。曾先后被国务院及民盟中央表彰为全国先进工作者。现为中国科普作协会员，山东省青少年科普专家团成员。

成群结伙的蚂蚁

文 林育真

图 林育真

王林钢 陈天舒

山东教育出版社

·济南·

图书在版编目（CIP）数据

成群结伙的蚂蚁 / 林育真著 . —济南：山东教育
出版社，2017.9（2025.1重印）
（我的科普图书馆）
ISBN 978-7-5328-9792-6

Ⅰ . ①成… Ⅱ . ①林… Ⅲ . ①蚁科—青少年读物
Ⅳ . ① Q969.554.2-49

中国版本图书馆 CIP 数据核字（2017）第 191394 号

WO DE KEPU TUSHUGUAN
CHENGQUN JIEHUO DE MAYI

我的科普图书馆

成群结伙的蚂蚁

林育真　著

主管单位：山东出版传媒股份有限公司
出版发行：山东教育出版社
　　　　　地址：济南市市中区二环南路2066号4区1号　　邮编：250003
　　　　　电话：（0531）82092660　　网址：www.sjs.com.cn
印　　刷：山东华立印务有限公司
版　　次：2017 年 9 月第 1 版
印　　次：2025 年 1 月第 2 次印刷
开　　本：710 mm × 1000 mm　1/16
印　　张：7.25
字　　数：145 千
定　　价：35.00元

（如印装质量有问题，请与印刷厂联系调换）印厂电话：0531-76216033

前　言

一只蚂蚁很小，小得人们一指头就能碾死好几只；一群蚂蚁可能很多，多得你数也数不清。一窝蚂蚁就是一个"小王国"，里面有雌性蚁王、雄蚁、工蚁，有些种类蚂蚁群里还有专职的兵蚁。蚂蚁族群之所以能够生存和发展，最重要的原因在于它们是群居动物，是善于成群结伙的社会性昆虫。

社会性昆虫可不简单！一群或一窝蚂蚁，个体数量成千上万，甚至几十万、上百万，如此庞大的集团，能够步调一致、和谐地在一起生活、战斗、繁衍后代，毫无疑问，成群结伙、通力合作的蚂蚁社群一定有畅通无阻的通信联络。你想知道吗，蚂蚁社会靠什么互通信息？为什么蚂蚁之间的信息交流快捷有效？

蚂蚁生活在一个组织严密、分工明确的群体中，所有成员各司其职，无论是外出寻找食物或留在巢里做"家务"的工蚁，或者是不能自己取食的幼蚁、蚁王和雄蚁，群体所有成员都能够及时吃饱喝足。那么，蚂蚁靠什么彼此分享食物？蚂蚁世界的奇特景象——回吐食物、交哺喂食是怎么一回事？

蚂蚁好斗成性。在昆虫世界里，唯独蚂蚁社会具备有组织的"军队"，并频繁地进行"战争"，你知道蚂蚁打仗的常规武器是什么吗？蚂蚁又是怎样使用随身携带的化学武器的？蚂蚁为什么"开战"？蚂蚁战争的规模有多大？

蚂蚁分布很广，地球上除了南北极和终年积雪不化的高山外，到处都有蚂蚁。

为什么森林、草原、荒漠、苔原、山地等截然不同的自然生境都有蚂蚁生活？为什么农田、果园、牧场、菜地甚至人类的庭院、住宅也有蚂蚁生活？蚂蚁怎样占领广大的地域？怎样适应它们栖居地区的环境条件？

蚂蚁使用非凡的生存策略，例如建筑巢穴、培植真菌、采收种子、储蜜度荒、蓄养"奴蚁"……从而形成了多样化适应环境的生态类型。不同生态类型的蚂蚁社群，怎样演绎各具特点的谋生、生产、征战以及繁衍后代等群体活动？

蚂蚁是古老的动物，它们曾与恐龙同时在地球上繁衍生息，随着地球环境的变迁，躯体庞大、力量超群的恐龙早已灭绝，而身微体小的蚂蚁，却依靠群体的力量顽强地适应各种环境，缔造了繁荣昌盛的"蚂蚁王国"。在生存竞争残酷激烈的自然界，蚂蚁家族何以能够长盛不衰？

蚂蚁种类丰富、类型多样、分布广泛。个体虽小，但却以量取胜，生物量十分庞大，因此在地球生态系统中，蚂蚁起着非同小可的作用。

本书将带领你深入蚂蚁世界中，揭开蚂蚁家族神奇奥妙的生理、生态之谜。让你看到，蚂蚁群体成员怎样一起工作；一起建筑巢穴；一起分享食物；共同照管卵、幼虫和蛹，使后代成批量成长；怎样万众一心共同抗御外敌……总之，本书会让你了解蚂蚁如何不断演绎着令人叹为观止、发人深思的社会生活。

本书能够与读者见面，首先要衷心感谢为本书提供参考资料的作者及部分原图的绘制者和摄影者；感谢山东教育出版社的积极支持和出版安排。尽管著作者努力遵循科普创作的原则要求，在书稿的科学性、知识性及趣味性方面下大工夫，广泛选材，构建体系，精心打造，反复加工，但限于作者本身的知识积累和创作水平，书中难免存在缺点和不足之处，欢迎读者朋友批评指正。

林育真

2017.7

一、成群结伙的蚂蚁 1

二、超级精干的蚂蚁 18

三、蚂蚁家族的"住"和"吃" 33

四、名闻世界的蚂蚁类群 52

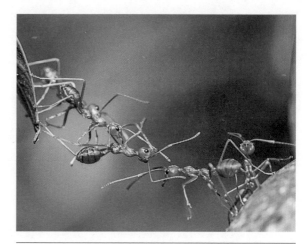

一　成群结伙的蚂蚁

蚂蚁是昆虫世界中的一个大族群，是膜翅目蚁科昆虫的总称。

昆虫族群种类繁多，是地球上数量最多的动物群体，人类已知的昆虫有100多万种，分布十分广泛。然而，其中有些昆虫类群我们平常很难看到，有些类群就连名称都很少有人知道。至于蚂蚁家族，虽然身微体小，但由于族群繁盛，"蚁丁"兴旺，人们几乎随处都能见到它们的身影。地球上除了南北极和终年积雪不化的高山外，到处都有蚂蚁的足迹，都有成群结伙的蚂蚁在活动。因此，说起蚂蚁，几乎尽人皆知。

蚂蚁体形一般很小，小到我们在日常生活中可能会忽视它的存在。是的，就一只蚂蚁来说，确实很渺小，很不起眼，但千万别小瞧蚂蚁，早在7 000万年前世界上就已出现原始的蚂蚁，它们和恐龙几乎同时在地球上繁衍生息，比人类的历史早得多。时至今日，躯体庞大、力量超群的恐龙早已灭绝，而微小的蚂蚁却依然族群繁盛，到处都有大大小小的"蚂蚁王国"。目前，全球已知蚂蚁物种超过12 000种，我国有记载的蚂蚁接近1 000种，至于每种个体的数量就难于统计了。

你想过吗，为什么蚂蚁到处都有？为什么它们长盛不衰？

答案很明确，因为蚂蚁是成群结伙的昆虫。一只蚂蚁很弱小，一群蚂蚁却很了不得。可以说，群体才是蚂蚁生存的单位。

1

1. 奇特无比的社会性昆虫

在昆虫世界中，有少数种类（如蚂蚁、白蚁和蜜蜂等）不同于其他大多数各自分散生活的昆虫，它们联结成巨大的集群共同生活，由成千上万个体组成"王国"，群中个体分担不同职责。这类昆虫的群体结构与职责分工，与人类社会的生产、生活组织状况有可比之处，因此，这种集群共同生活、分工合作的昆虫类群就被人们称为社会性昆虫。

一群（或一窝）蚂蚁，相当于一个小"蚂蚁王国"，群中必定有蚁王、雄蚁和工蚁三个不同职责类群（又称"品级"）。值得注意的是，不同品级蚂蚁的身体结构和职能都有明显区别，这个特点是判断是否为社会性昆虫的首要条件（图1）。

蚁王品级最高，个头最大，腹部圆鼓鼓；雄蚁体形比工蚁大；通常工蚁个头最小，品级最低，而且全是无生育能力的雌蚁。身体微小的蚂蚁，演化为成群结

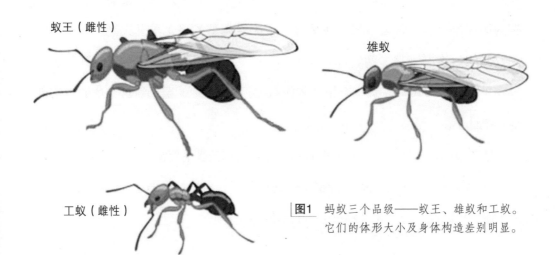

蚁王（雌性）

雄蚁

工蚁（雌性）

图1 蚂蚁三个品级——蚁王、雄蚁和工蚁。它们的体形大小及身体构造差别明显。

2

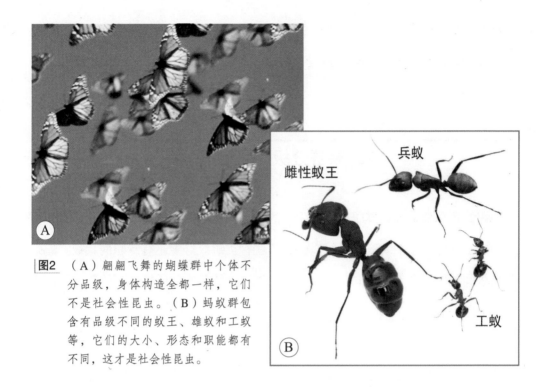

图2 （A）翩翩飞舞的蝴蝶群中个体不分品级，身体构造全都一样，它们不是社会性昆虫。（B）蚂蚁群包含有品级不同的蚁王、雄蚁和工蚁等，它们的大小、形态和职能都有不同，这才是社会性昆虫。

伙的社会性昆虫，群体分工合作，互相依存，共同生活，这是蚂蚁得以生存和发展的根本所在。

在昆虫世界中，人们经常能看到某些成虫或幼虫集结成群地在一起，例如，迁飞的王蝶群、蝗虫群，密集在幼嫩植物上取食的蚜虫群，等等，这些群体是临时性的，群中个体没有任何分工，它们不算是社会性昆虫（图2）。

作为社会性昆虫的蚂蚁，至少具有三个共同特点：① 群体成员共同关心和喂养幼体；② 群内成员分工合作，不同个体担负不同的工作职责；③ 每个群体至少有一个蚁王，一窝蚂蚁所有后代都是雌性蚁王（母蚁）生育的，蚁王的寿命长于群内其他成员。

在"蚂蚁王国"里，信息交流快捷、通畅，以此达到群体成员行动一致、和谐共处。等级分明、井然有序的"蚂蚁王国"，是高度组织一体化的昆虫世界。蚁群中雌性蚁王无疑是群体的核心及受保护的重点。在同一蚂蚁群体中，个体之

3

间互相依存，构成亲密合作的伙伴关系。工蚁一生恪尽职守，不擅自离群，也从不偷懒。蚂蚁社会行为的准则是：各尽其能，个个为群。

2. 族群分级，职能不同

蚂蚁几乎都是筑巢群居过集体生活的昆虫。在蚂蚁族群组成中，除了必不可少的蚁王、雄蚁和工蚁三个品级以外，有些种类蚂蚁群中还有专职的兵蚁。蚂蚁各品级间不仅形态上不相同，而且由于生理特性的差异，所能承担的工作职能也就有明显的不同。

雌性蚁王是蚂蚁家族的主导者，它在成熟交配前是有翅能飞的雌性蚂蚁，它的翅在交配后脱落，成为专职产卵的母蚁（图3）。有些种类蚂蚁每窝中仅有一只蚁王，它是蚁群中唯一的"妈妈"；多数种类蚂蚁每窝中可能有几只甚至

图3 一种织叶蚁的雌性蚁王，膨大的腹部充满待产的受精卵。她原先是有翅的"准蚁王"，在交配受精后脱去双翅，成为蚁群中真正的蚁王。

图4 这种蚁王的身体比工蚁大好几倍，身边有众多工蚁在侍奉它。在一窝蚂蚁中，只有唯一一只或少数几只雌性母蚁得到"王"的待遇，它们才是真正的蚁王。

几十只蚁王，它们在一起生活，共同繁育后代，构成庞大的家族群体。

雌性蚁王的生殖能力很强，在群体中体形最大，特别是腹部大，生殖器官发达，它们的全部职责就是多多产卵，繁殖后代。由于家族成员都重视延续本群体基因、壮大群体数量这件大事，因此，蚁群中所有蚂蚁都厚待、爱护蚁王（图4）。

在一窝蚂蚁的大家庭中，每年的一定时期，蚁王会生产部分有翅蚂蚁（雌蚁和雄蚁），这是为蚂蚁群繁育后代而准备的，是专门的繁殖蚁，它们能飞到巢外寻找配偶和交配。蚁群中大多数成员则是无翅、无生殖能力的工蚁和兵蚁。

有翅雄蚁也称父蚁，体形比工蚁大得多，身体的颜色比较深，头部小，其复眼明亮，有发达的生殖系统和外生殖器。在每个蚁巢中，有翅雄蚁的数量通常较

多，它们的主要职能就是在繁殖期间成群飞到巢外追逐有翅雌蚁，从而获取交配的机会。交配后的雄蚁将很快相继死去（图5）。

蚁群中工蚁的数量最多。我们平常见到的在地面上奔走寻找食物的蚂蚁，一队队、一群群几乎全都是工蚁（图6）。

图5 有翅雄蚁身体比工蚁大，但比雌性有翅雌蚁小得多。飞出巢外的有翅雄蚁，无论是否有机会和雌蚁交配，寿命很快就到头了。

图6 一群工蚁集体行动，外出寻找食物，找到一只飞虫，它们团团围住猎物，咬住不放。

6

工蚁全都是生殖系统不发育、没有生殖能力的雌蚁，也叫中性蚁。它们体形小、无翅、复眼不发达或完全缺失，但上颚、触角和胸部的三对足都很发达，这样的身体结构适于奔走和攀爬，善于各种劳作。工蚁是蚂蚁社会最勤劳的"职工"，时时刻刻都在为群体操劳，工蚁因此又称职蚁（图7）。

通常，一个蚁群中拥有成千上万只工蚁，甚至有的多达几万、几十万只工蚁。更有甚者，有些生活在热带森林的行军蚁和切叶蚁，可能组建起数百万只工蚁的超级大群。但有些原始的肉食性猛蚁类，通常一群不超过几百只，而且多单独捕食。

维持一个蚂蚁社会必须靠各种劳作，蚁群中工蚁们还会进一步细致分工，分别负责寻找食物、饲养幼蚁、清扫蚁巢、照料蚁王以及修建巢窝等工作。所有工蚁一

图7 一群工蚁找到一只死蜥蜴，它们会竭尽全体之力，把"巨无霸"猎获物整个或撕碎搬回巢窝，和同伴一起分享。

7

生都在辛勤地劳动、不停地觅食、悉心地照管蚁王产下的卵和幼蚁，就连蚁王的生活起居也都由工蚁照顾。如果工蚁不把食物喂到蚁王的嘴里，蚁王就会活活饿死。

有些种类蚂蚁的成体工蚁，体形大小差别明显而且固定，可以分为大、小二型，甚至大、中、小三型工蚁（图8），而不同体形工蚁承担的职责相应也有差别。

图8 这种行军蚁的兵蚁（图前方站立的）体形硕大，头部宽阔，大颚钩镰状，行动敏捷。注意：它身边有体形大小不同的工蚁。

图9 一种切叶蚁的大块头兵蚁和小个子工蚁，它们大小悬殊，各有职责分工。

有些种类蚂蚁群中拥有一部分大块头成员，它们是由工蚁分化而来的兵蚁。如同工蚁一样，兵蚁性器官也不发育，但身强体壮、勇猛无畏，专门担任抗御敌害、保护蚁群和保卫家园的任务。兵蚁的突出特征是上颚特别粗壮锐利，这是进攻和御敌的常规武器（图9）。也有些蚂蚁类群中没有特型兵蚁，而由一部分大个头工蚁做"兼职兵蚁"。

作为社会性昆虫，集群生活和依型分工乃蚂蚁力量优势之所在。实际上，群体才是蚂蚁生活方式的单位。正因为蚁群中分别有由蚁王、雄蚁、工蚁和兵蚁等组成的多型体系，才有组织严密的蚂蚁社会以及大量谋生、生产、征战、交际等活动。现在地球上已经没有能够真正单独生活的蚂蚁，落单的蚂蚁一旦找不到回到群中的路，肯定活不过多久。

蚂蚁社会长盛不衰、族群繁荣昌盛的秘诀，就在于它们生活在一个组织严密、分工明确的群体中，所有成员各司其职，蚁群中有千千万万甘为家族牺牲自我的个体。"蝼蚁尚且贪生"，这是"文学"语言，完全不符合蚂蚁的生态特性与实际表现。

3. 比翼齐飞，空中婚礼

一窝蚂蚁要生存和发展，不但需要保持群中个体的数量，还要不断壮大、充实群体的力量。蚂蚁群由小变大，发展为成千上万甚至几十万、上百万的大群体，依靠的是蚁王快速、大量的繁殖。蚂蚁的繁殖过程包括交配、产卵、分窝三个连续的环节。

蚂蚁的交配可以用"比翼齐飞，空中婚礼"八个字来概括，简称"婚飞"。

所谓"婚飞"是指繁殖期间有翅的雌蚁和雄蚁离开母巢，大群飞行和交配的行为。大多数种类蚂蚁通过"婚飞"建立新的蚁巢和蚁群。

每当繁殖季节，巢中蚁王早先产出的一批有翅雌性蚂蚁和有翅雄性蚂蚁，这时性器官成熟，发育长成，等到外界环境条件适宜的一天，纷纷振动双翅结队飞出巢穴，成群在空中飞舞。

蚂蚁是有智慧的昆虫，它们能够感知环境条件的变化，知道选择适宜的日子举行"空中婚礼"——婚飞。每当雨过天晴、风和日丽的日子，空气温暖而潮湿，大群有翅雄蚁和未受精的"准蚁王"（有翅雌蚁），在众多工蚁狂热的簇拥下，成批蜂拥到巢口，奋力向空中飞去。在一两个小时里，空中黑压压地布满了有翅的雌雄蚂蚁，它们就在空中聚会和配对（图10）。

图10 蚂蚁家族的"婚礼"在空中举行。密集的大群飞蚂蚁形成"云雾"在空中翻卷。图中为一种切叶蚁的婚飞场面。

图11 木蚁巢窝中的大群有翅繁殖蚁，较大的是雌蚁，较小的是雄蚁。

10

婚飞是蚂蚁生活中的大事，也是蚂蚁社群存在与发展的关键。有翅雌蚁奋力前突高飞，雄蚁尽力追逐雌蚁。雌蚁飞得越高越快，追来的雄蚁就越来越少，老弱病残、发育不全、营养不良的雄蚁被淘汰了，只有健康强壮的雄蚁才能追上雌蚁，并倾其所能使雌蚁受精。

在婚飞的日子里，群中工蚁也兴奋地忙碌起来，它们帮助引导、鼓动巢中有翅蚁，赶快统统飞出窝去（图11）。

兵蚁则看守着巢穴的入口，不允许已放飞的未受精雌蚁返回巢里，不让已受精的"准妈妈"飞掉，让它们回到窝里繁殖后代。

婚飞是蚂蚁家族生活周期中最重要的时刻，错过婚飞，壮大蚁群的所有努力都将白费。

参与婚飞的每只雌蚁，先后会有多只雄蚁来追逐它，在空中被"准蚁王"抛开的雄蚁会继续盘旋飞舞，徒劳地等候新娘雌蚁的到来，直至精疲力竭而跌落地面，几小时后就会衰竭而死。也有一些配对成双的雌雄蚁，由于力量耗尽而双双坠落地面（图12）。

图12 婚飞时有些无力继续飞行的雄蚁坠落地面，有的拖累配对的雌蚁一起跌落。

图13 在植物叶片上交尾的一对有翅雌、雄蚁。个头大的是雌蚁，个头小的是雄蚁。雌蚁滚圆的腹中满是蚁卵。

有些蚂蚁种类不采用婚飞方式，而是雌、雄蚁飞出巢外后，直接寻找适宜地面或在植物枝条上配对交尾（图13）。

通常可能有成千只未婚雌蚁飞向天空参加"婚礼"，同一时刻飞出巢窝追逐雌蚁的雄蚁更多。附近同种不同窝的雌雄有翅蚁，也会在同一天相同时刻举行婚飞，这是混群交尾的好时机，使得婚飞场面更热烈。

不过，婚飞对于蚁群并非只有欢聚和热闹，还时常伴随有危险和灾祸。许多食虫鸟兽、爬行类、捕食性昆虫等，都可能把出巢蚁群当作一餐盛宴，都会来袭击它们。虽然"新郎""新娘"成千上万，而最终顶多只有两三只"准蚁王"能够得以幸存和功成圆满，真正成为新蚁群的王者。

4. 开基创业，建立新群

"婚礼"结束了。交配后受过精的幸存母蚁徐徐降落，回到地面，寻找草丛隐蔽处，就像新娘脱去婚纱似地脱去4片翅，找一个合适的地方挖掘土穴，潜入地下，开辟一处新巢窝，从此开始它开基创业、建立新蚁群的历程（图14）。

图14 初次怀孕腹内满是受精卵的母蚁，这时只能亲自劳作，开始艰难地挖土建巢。

身处黑暗、孤独无助的年轻母蚁，力量非常有限，只能暂时建造一个小小土巢作为安身之所，使已"受孕"的身体有个产房，以便开始它的繁殖大计。等到体内的受精卵发育成熟，生产出来并孵化为头一批幼蚁后，母蚁妈妈就更加忙碌起来（图15）。

孤身的母蚁从生产第一批卵到卵孵化为幼蚁，到幼蚁长大化蛹，再到蛹变

图15 新蚁王产出的卵，其中部分已孵化为幼蚁。蚂蚁幼虫身体柔嫩，无行动能力，须依靠成年蚁喂养和照顾。

13

图16 工蚁细心地照顾蚁卵，爱抚地舔着新孵化的幼蚁，把它们安顿在巢窝内最适宜的位置，及时喂食照管，耐心细致，充满爱心！

态为成年蚂蚁，整个过程历时6～8周。在这期间，母蚁日夜守护卵和幼虫，嘴对嘴饲喂幼蚁，照料蚁蛹，直到这些小家伙发育长大能够独立生活为止。

过度操劳的母蚁，体内养料消耗殆尽，身体衰弱不堪，好在首批孵化的"女儿们"（都是工蚁或有少数兵蚁）已经长成，它们咬破巢壁，挖开洞口，外出觅食，运回一口口甘蜜喂养母蚁，并且扩建蚁穴、清洁巢窝，为越来越多的成员提供住处，蚁群呈现繁荣壮大的局面（图16、17）。

在众多后代工蚁的饲喂和护持下，蚁王得到充足的营养和照顾，体质迅速恢复，腹部越来越大，从此之后不停地继续产卵，反复繁殖蚁群后代（图

图17 蚂蚁窝中各处的温度和湿度有差别，工蚁会用嘴叼着幼蚁或蛹，将它们搬移到巢窝中最适宜生长的位置。

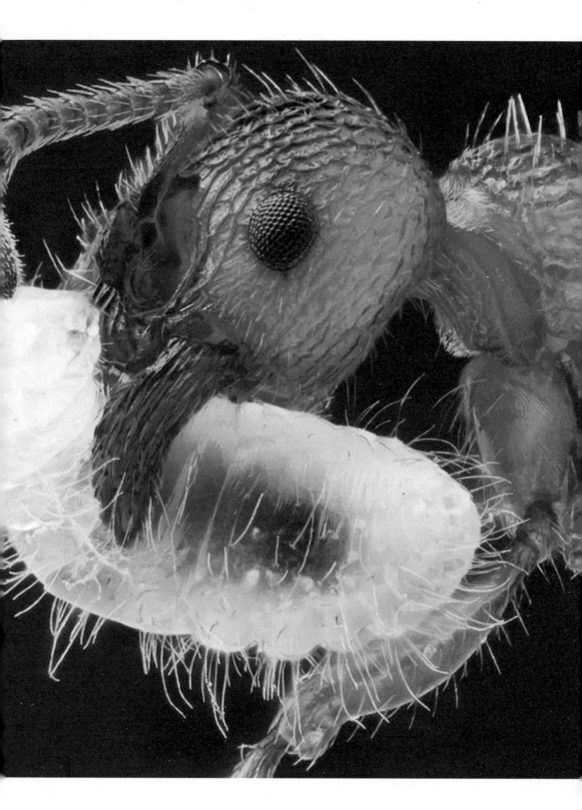

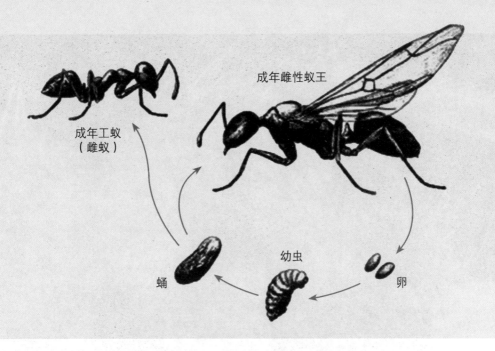

成年雌性蚁王

成年工蚁
（雌蚁）

幼虫

蛹

卵

图18 蚂蚁个体发育经历卵→幼虫→蛹→成虫四个阶段，属于完全变态昆虫。

18）。蚁王经一次交配便可终生受孕，体内可存储数以亿计的精细胞，它直到临死所产的卵也几乎都是受精卵。蚁王的寿命可长达12～15年。

开基创业饱经苦难的新蚁王，终于成为这窝蚂蚁社群的最重要的核心成员，专职生育后代，壮大后代群体。此时抚育幼蚁、喂养蚁王和管理巢窝、保卫家园等工作全部由工蚁和兵蚁承担。平时蚁王产的卵全孵化为工蚁或兵蚁，每年一定时候，蚁王会生产出一大批有翅雌蚁和雄蚁，靠它们继续传承蚂蚁族群的基因（图19）。

令人惊奇的是，蚁王能够控制其后代性别的比例，方法极为简便：如果产下受精卵，便发育为雌蚁；如果产下未受精卵，则发育为雄蚁。

由于蚂蚁交配和繁殖需要适宜的温度和湿度，生活在热带、亚热带地区的蚂蚁，几乎一年四季都可以交配、繁殖，那里蚂蚁种类和数量特别多。生活在温带地区的蚂蚁，每年繁殖期只有几个月，其种类和数量相对较少。

16

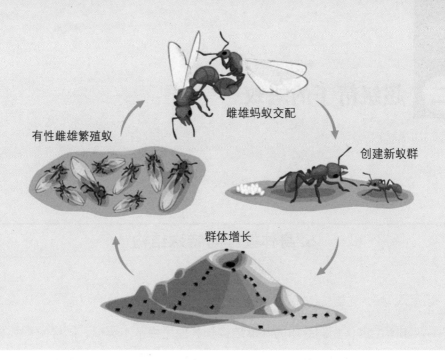

图19 蚂蚁世代繁衍示意图。

有性雌雄繁殖蚁

雌雄蚂蚁交配

创建新蚁群

群体增长

　　一般说来，蚁王妈妈都很能产卵。不过，不同种类的蚁王产卵量存在巨大差异。某些生长发育比较缓慢的肉食性蚁类，一只蚁王一次只产数百粒卵，其中多数孵化为工蚁，少数孵化为有性雌蚁或雄蚁（图20）。美洲切叶蚁每只蚁王一生能产卵多达1.5亿粒，任何时刻一窝都有200万～300万只后代工蚁存活，是世界上数量最庞大的蚂蚁群之一。非洲矛蚁蚁王繁殖力更是惊人，是切叶蚁的两倍，称得上子女数量世界之最。

　　快速的繁殖和精细的育幼能力，是蚂蚁成群结伙并在短期内集结成大群的有力保障。

图20 红火蚁蚁王和侍奉在它身边的一群工蚁。蚁王庞大的身体适于大量怀卵和产卵，它身边有大批卵和幼蚁。

17

二 **超级精干的蚂蚁**

---

5. 身体模样与特殊结构

要认识蚂蚁，先要知道蚂蚁身上有哪些与众不同的特别的地方。

蚂蚁属于昆虫，它们身体的外形结构和其他昆虫基本类似，同样由头、胸、腹三部分组成。普通蚂蚁身体很小，但也有些种类的蚂蚁体形特别大。不同种类的蚂蚁体长为0.8～52毫米。这也就是说，个头最小的蚂蚁和个头最大的蚂蚁身体大小相差约60倍。这点与大型动物包括人类很不一样。

蚂蚁体壁有弹性，体表光滑或有毛、刺、条纹或刻纹等；体色多样化，主要有黑色、褐色、黄色、橙色和暗赤色，还有少数绿色种类等。

蚂蚁头部通常宽大，头上长有触角、眼和口器（图21）。

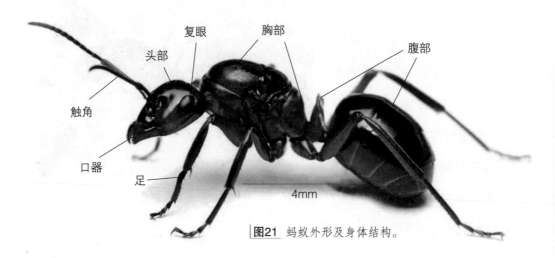

图21 蚂蚁外形及身体结构。

18

蚂蚁的眼有复眼和单眼两种。通常一对复眼位于头部两侧，复眼由成百上千的单眼构成。除复眼外，多数种类的蚂蚁还有3个单眼，少数种类仅有1个单眼；有些种类的蚂蚁复眼退化；许多种类的雌蚁和工蚁只有复眼，没有单眼（图22）。

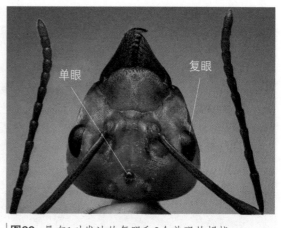

图22 具有1对发达的复眼和3个单眼的蚂蚁。

蚂蚁的口器（就是嘴巴）适用于咀嚼食物，称为咀嚼式口器，由上颚、舌、下颚和下唇构成，多数种类上唇退化消失，下唇常列生有味觉毛。蚂蚁（尤其是兵蚁和工蚁）的上颚特别发达。工蚁上颚是携带和运输食物、修筑巢窝以及照管搬运蚁卵、幼蚁及蚁蛹的重要器官；兵蚁上颚特别强大，是蚂蚁用来作战和防卫的武器。

不同蚁族（尤其是兵蚁）上颚形态变化很大，有的像刀，有的像剪、像镰、像锯、像钩、像钳、像铡刀，多种多样，全都是好斗的蚂蚁自备的武器（图23）。

图23 几种蚂蚁的上颚特别强大、锐利：（A）行军蚁的钩镰状上颚；（B）牛头犬蚁的钳形上颚；（C）子弹蚁的铡刀状上颚。

19

图24 成体蚂蚁胸部都有3对足，分别称为前足、中足和后足。蚂蚁的腿足结构科学，善于快速奔走和攀爬。

蚂蚁的胸部由前胸、中胸和后胸三个胸节组成。每个胸节上各生有一对足，分别称为前足、中足和后足（图24）。通常蚂蚁的工蚁和兵蚁胸部都无翅，只有性器官发达的有性雌蚁和雄蚁有2对用来飞翔的翅。

蚂蚁的腹部由腹柄和柄后腹节所组成。腹柄1节或2节，每节上生有一个或两个背瘤，有的种类生有直立或倾斜的鳞片。柄后腹节就是蚂蚁粗大的腹部，由4～7个环节组成。必须知道，在进化过程中所有雌性工蚁原有的生殖器演化为螫针（即尾刺），因此工蚁都不能生育后代，而螫针成为工蚁打斗时叮螫敌方的武器（图25）。

蚂蚁重要的内脏器官在腹部，包括消化系统、循环系统、生殖系统、排泄系统和神经系统等。蚂蚁内脏器官的构造和多数昆虫基本相似。

必须指出，蚂蚁消化系统中有个囊状器官，称为嗉囊。这个特殊的囊好比一个装在蚂蚁体内的公用"大饭桶"，它能胀得很大。蚂蚁每次外出觅食时总是尽量采集，撑满嗉囊，回窝后再把液态食物从嗉囊里吐出来分给同伴或哺喂幼蚁，

尾刺

<u>图25</u> 举腹蚁腹部包括4节，有尾刺。这类蚂蚁常高举腹部，因而得名举腹蚁。

而真正吃进自己胃里的份量实在很少。因
此，蚂蚁的嗉囊又叫作"公胃"或
"社会胃"（图26）。这一特殊结
构是蚂蚁能够回吐食物、反哺同类所必要
的基础条件。

腹柄　柄后腹节

嗉囊

食道　前胃

咽　　　　中肠　直肠

<u>图26</u> 蚂蚁消化系统及其特有的嗉囊。图中蓝色链条
是蚂蚁的腹神经索。

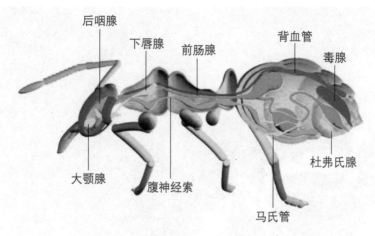

图27 蚂蚁体内部分外分泌腺及内脏器官示意图。

蚂蚁的身体结构还有个重要特点，这就是它们体内不同部位有类型多样、功能奇异的外分泌腺体，其中，大颚腺、小颚腺和后咽腺成对分布，杜弗氏腺和毒腺连通尾刺（图27）。

在必要情况下，蚂蚁的腺体能分泌和释放不同的生物化学物质至体外，弥散在空气中，产生不同的气味。这就是蚂蚁进行"化学通信"的信息源。气味信息由同群其他蚂蚁接受并判断，从而表达出相应的行为。

6. 奇妙的多功能触角

各种蚂蚁都有一对如同我们的关节一样能打弯的膝状触角，但不同种类蚂蚁触角的节数不一样，有4～13节之差，触角长短也因此而不同。雄蚁触角的节数比雌蚁和工蚁的要多。

蚂蚁的触角奇妙异常，是极其重要的多功能感觉器官。触角首先具有触觉功能，就像两根探测棒，蚂蚁通过它们接触外界，探明前方物体的轮廓、形态和性质，以及前进道路上的起伏变化等情况；触角还具有高度灵敏的嗅觉功能，可用来寻找食物、辨认道路、识别同伙。蚂蚁利用触角既能检测气味，分辨环境中物质的化学成分，也能感受气流及振动等；蚂蚁伙伴彼此还能通过触角的相互触碰发送和接受信息。此外，触角还有感受空间位置、维持身体平衡的重要作用。失去触角的蚂蚁即使在平地上也寸步难行，更不可能回到巢窝。

蚂蚁的触角之所以成为异常灵敏的感觉器官，是因为它表面布满多种微型感受器和感觉细胞，它能把探触到的周围信息如气味分子、环境温度与湿度等，通过感觉神经传递到大脑，从而作出相应的行为反应。蚂蚁的触角时时都在活动之中，时而前伸，时而弯曲，时而捻搓，时而转动，它们能将触角调整到最灵敏最好用的状态（图28）。

图28 蚂蚁的触角灵活无比，能随心所欲地弯曲、伸展和转动。

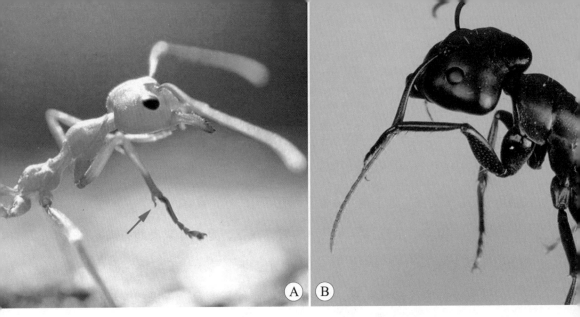

图29 （A）前足胫节的小突起就是净角器（红色箭头所指）；（B）用净角器梳理清洁触角是蚂蚁经常性的行为。

值得注意的是，蚂蚁触角有个配套的小器官，这就是蚂蚁前足胫节上的一个突出的结构，叫作"净角器"，那是蚂蚁用来清除触角污垢的专门工具（图29）。因为触角是蚂蚁无比重要的感觉器，随时都要保持洁净灵敏，所以净角器虽小，对于蚂蚁来说却必不可少。

7. 畅通无阻的通信联络

一群或一窝蚂蚁，个体数量成千上万，甚至几十万、上百万，如此庞大的集团，生活中能够通力合作、步调一致，它们之间一定有畅通无阻、快捷有效的通信联络。蚂蚁以其无比奥妙的信息沟通方法令人叹服，它们不愧为神奇而精干的小精灵。

蚂蚁不会说话。那么，它们是如何进行信息交流、通信联络的呢？

原来，蚂蚁体内不同部位具有的外分泌腺体能够分泌各种化学信息物质（即信息素）。其中6种重要的外分泌腺体为各种蚂蚁普遍所具有，它们是头部的大颚腺、下唇腺，胸部的后胸侧腺和腹部的腹板腺、毒腺、臀腺。

蚂蚁腺体分泌物释放至体外，作为生化物质信息源，由其他蚂蚁接受。有些腺体的分泌物起到召集或报警的作用；有些腺体的分泌物警示群体撤退避敌；有些腺体的分泌物会激励群体成员奋起御敌；有些腺体的分泌物用于识别同类和鉴别外敌；有些腺体的分泌物具有灭菌消毒的功能；还有些腺体的分泌物与口部上颚或尾部螯针相通，增强蚂蚁叮咬螯刺的疼痛威力甚至起麻痹作用，用于捕食和御敌。

蚂蚁主要依靠发送和接受信息素进行通信联络，这就属于"化学通信"。蚂蚁群体能够使用10～20种化学通信信号，依靠这些信号，个体间可迅速交流信息、互相联络。蚂蚁的外分泌腺体及其分泌物，使得蚂蚁行为变得多样、神秘而且精彩。

化学信息物质作为通信物质的主要特点，就在于传递过程中只需极其微量的物质，就能产生神奇的效力。对于蚂蚁来说，它们身上最主要的化学感受器——触角，通过长期进化发展到只需要接受微量的化学信息物质，甚至微少到只有几个分子，就能激活蚂蚁触角上的感受器。触角无与伦比的敏锐感受能力，使得蚂蚁在任何时刻都只需极少量信息素，便能有效地完成通信任务。借助触角这一化学感受器进行通信，在蚂蚁社会生活中具有无比重要的意义（图30）。

图30 红火蚁工蚁的头部，可以清楚地看到一对膝状触角和复眼，其触角上和口周围有许多灵敏的感觉毛。

蚂蚁的头部及其触角是它们进行信息交流的主要器官。触角是这类小精灵的一对最奇妙的感受器,不但具有感受化学气味的嗅觉功能,还有触觉功能。依靠触角,蚂蚁可以辨别气味、判断方向、认识道路、分清敌友……总之,触角是引导蚁类行动的指挥棒。

如果留心观察蚂蚁的行动,就可以发现许多有趣的情形。如两蚁相遇好像在交头接耳,它们或以触角相抵,或互相用触角轻敲几下,这就是它们要先闻嗅一下是否是同类,然后招引同伴共同行动,通常是引领同伴到食物所在地或新巢窝的地点(图31)。

图31 同一群的两蚁相遇,那种表情就像老姐妹见面打招呼:"大妹子,那边有一条毛虫,一起去搬运吧!"

图32 巢内的蚂蚁饿了，会用触角向饱食回巢的工蚁请求食物，后者便嘴对嘴回吐一些食物给求食的同伴。

据科学家研究，仅仅在触角的对碰传讯中，蚂蚁至少可向伙伴传送6种不同性质的信息：①表示食物的方向；②指示前进的方位；③警告前方有危险；④表示进攻或收兵；⑤传递是否全体出动的信息；⑥请求回吐食物（图32）。

有人做过试验，用刀片把蚂蚁的触角切去，蚂蚁就找不到回巢的路了；而如果是拦腰切去蚂蚁的半个腹部，它还能负伤回到巢里，可见蚂蚁认路主要靠触角。

当我们观察树上或地面上川流不息搬运食物的蚂蚁时，会发现它们总是沿着一条固定路线从蚁穴到食物所在地来回爬行。那么，它们是怎样在蚁穴和食物源之间开辟道路的呢？

原来，这是蚂蚁身体分泌的示踪信息素标记的道路。蚂蚁外出觅食时，每走一段路程就释放一点信息素，由此散发出其族群成员能够识别

图33 蚂蚁发现了好吃的食物，通过信息传递，迅速招呼来同伙，群蚁合力搬运食物回巢。

的化学气味。有了特定气味的指引，蚂蚁就不会迷路和走远路。

外出觅食的工蚁，一旦找到美味食物，便沿着原路回到巢里，召唤蚁群中其他蚂蚁一起前去搬运，沿着这条路来回搬运食物的蚂蚁多了，信息素也就越积越多，气味也越来越浓，渐渐地便形成了一条宽达几厘米的"大道"。如果有人用泥土覆盖这条蚁路，蚂蚁们一时找不到原来的路，会急得团团转，但它们经过多方探寻，还会重新找到一条最佳通道。蚂蚁的示踪信息素如同我们人类社会的交通"路标"，是不可缺少的（图33）。

很多蚁类几乎终生生活在地下世界，终日不见阳光，视觉衰退弱化，同类间的交流通信主要依靠信息素进行，即"化学通信"。令人称奇的是，蚂蚁的一个外分泌腺体能够分泌和释放出不止一种信息素，而这些信息素成分的混合及其组分比例的变化，又会使其功能变得更为复杂多样，可同时发挥报警和防御等功能。20世纪70年代，英国昆虫学家发现，织叶蚁有一种化学报警方式：当一只工蚁在巢内或领域内发现敌人时，会从头部腺体排出由4种化学物质混合成的气体，以警示同伴出事地点，并招呼蚁群迅速前来抗御敌人。

蚂蚁信息交流系统建立在化学分泌物的基础上，关键是让同伴尝到或闻到某种气味，从而传送必要的信息。这种信息传递系统是迄今为止人们在动物界所发现的最有效、最迅速的通信系统。

当然，蚂蚁彼此沟通除了依靠信息素进行化学通信外，还有视觉通信、触觉通信和声通信。

凡是复眼发达的蚂蚁，不仅能看到物体，而且对移动物体特别敏感。雌雄两性有翅蚂蚁通常不用触角传讯，它们在空中婚飞时必须靠视觉来追寻、察觉异性所在的方位，它们的复眼和单眼都很发达，视力良好。某些掠食性蚂蚁眼睛特别大，适于准确捕捉活食（图34）。

图34 （A）有翅雄蚁有发达的复眼和单眼，视力好，利于婚飞时找到雌蚁；（B）这种牛头犬蚁大颚尖长，眼大突出，一看就知道，它属于凶猛的捕猎型蚂蚁。

同群的蚂蚁用触角或前足轻触伙伴以及互相交哺饲喂，属于触觉通信，群内发送的触碰信号通常是请求或招呼的信息。

有些种类蚂蚁胸部有叫作"刮器"的发声器官，这些蚂蚁能利用刮器摩擦发出声响，也即物理的振动信号，作为对化学信息的一种补充。蚂蚁发声可用来向同伴报警或讨要食物。

化学通信和其他信息系统相辅相成，构成比较完备的通信系统，使得小小蚂蚁能够集合成庞大群体，完成众多个体所不能完成的任务。

8. 蚂蚁和白蚁不是"一家子"

在常人的印象中，蚂蚁和白蚁名字都带个"蚁"字，它们的外形和习性粗略一看，好像也有一点近似，它们似乎是"一家子"。事实恰好相反，它们的形态和习性都很不相同。只要稍加观察和比较，便能看清蚂蚁和白蚁在体形结构、生态习性、发育模式等诸多方面都存在明显差别（图35）。

图35 蚂蚁和白蚁成虫的比较：（A）蚂蚁；（B）白蚁。

白蚁的体色多为浅白色或灰白色，体表很柔嫩；而蚂蚁的体表有一层坚硬的外骨骼保护着，体色多数较深重。蚂蚁身体胸、腹分明，胸、腹之间明显有个"细腰"，触角屈膝状、节数较少；而白蚁挺胸阔腰，胸部和腹部连接处比较粗，触角念珠状且节数较多。

有翅蚂蚁和有翅白蚁形态也有明显不同：有翅蚂蚁的前翅比后翅长，后翅长度不超过体长；而有翅白蚁前、后翅的形状和大小相似，长度都比身体长（图36）。

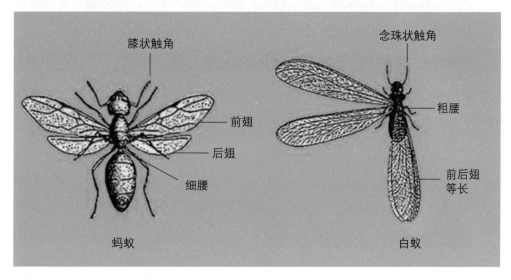

膝状触角　　念珠状触角

前翅

后翅

细腰

粗腰

前后翅
等长

蚂蚁　　　　　　　　　　　　　　白蚁

图36 有翅蚂蚁和有翅白蚁的比较。

就生态习性来说，白蚁群居，终年幽居地下或巢窝中，长年适应黑暗、潮湿的生境，它们行动和取食时，要有蚁路或泥板掩护，如果暴露在干燥的环境中或阳光下，白蚁必死无疑。蚂蚁虽也筑巢生活，但经常要到野外寻找食物，经受风吹日晒，它们不怕光、耐干旱，几乎所有种类的兵蚁和工蚁都能在野外活动。因此，蚂蚁分布几乎遍及全球；而白蚁离不开温暖、湿润的生境，只能分布在热带、亚热带等温暖、湿润的地区。

就生长发育过程来看，蚂蚁属于完全变态昆虫，发育经历卵→幼虫→蛹→成虫四个阶段；而白蚁发育只经过卵→幼虫→成虫三个阶段，没有蛹阶段，属于不完全变态发育。

综上所述，白蚁和蚂蚁这两类昆虫根本不沾亲，更谈不上是"一家子"。两家的血缘关系距离甚远。白蚁属于等翅类，是古老、低等的昆虫，在地球上出现的时期比较早，距今已约2.5亿年；而蚂蚁属于膜翅类，是昆虫中进化最为高级的一支，它们在地球上出现距今不过1亿年。

从以上几方面对比清楚表明，白蚁和蚂蚁这两类昆虫，显然是从不同的祖先起源发展来的，它们起根就不是"一家子"。如果要说蚂蚁和白蚁有什么共同点，那便是它们都属于社会性昆虫，都过群体社会生活。

三 蚂蚁家族的"住"和"吃"

9. 形形色色的蚂蚁巢窝

蚂蚁种类众多，分布地域广阔，受各地气候类型、地质地貌及土壤质地等条件的影响，造就了形形色色、多种多样的蚁巢。即使同一种蚂蚁，在不同生境中建立的巢窝，其式样也不尽相同。

蚂蚁营巢本领极大，它们能充分利用天时地利，顺应千变万化的环境，恰当选择筑巢的形式和地址。蚁巢因种而有明显不同，土壤里、石块下、朽木内、树梢头、地窖中，都可能发现蚂蚁家族建造的巢窝。

不同种类的蚂蚁所筑的巢，有简单和复杂之分，但无论哪一种巢，都是群体共同努力的结晶。

常见的蚁巢可以归纳为以下几种类型：

●**无巢型** 例如，许多种行军蚁从不修建永久性蚁巢，而是成群聚集在一起"行军"露营。露营的时候，兵蚁和工蚁在外围保护，蚁王和幼蚁在中间。行军蚁要是有蚁王临产，工蚁才会建筑临时性产房安顿母蚁，同时修建用来养育卵及幼蚁的简易巢窝。

●**土巢型** 在土中营巢做窝的蚂蚁种类最多，也最常见。有人调查发现，大约90%的蚂蚁窝是建在地下的，通常在沙地或泥土地开挖（图37、38）。地下蚁巢入土深度和广度随蚂蚁种类及群体大小而不同。

图37 这处地下蚂蚁巢窝有多个洞口。蚂蚁通常细心地隐藏自己家园的出入口。图中遮掩洞口的草丛和树叶已被移开。

图38 荒漠地区一种红色收获蚁的地下洞巢出口。巢由背靠石壁的天然石穴加工修建而成。这是聪明的工蚁选择的安全窝点。

洞口

护蛹室

工蚁加工食物室

育幼室

护卵室

蚁王居室

雄蚁居室

图39 一个结构复杂的地下蚂蚁巢穴示意图。上下分层，建有居室、走廊、育幼室、食物加工室等，还有纵横交错的"隧道"，蚁王的居室建在巢内最安全的位置。

有些地下蚁巢结构简单，地面仅一处出口，巢穴分成巢室、哺幼室及废物堆放室三部分。有的地下蚁巢结构复杂，面积广，入地可深达3～4米，设有主、副通道口，内有多个巢室，幼蚁、蚁王、雄蚁、工蚁、卵和蛹各得其所，还有厅堂、仓库及四通八达的通道；巢内冬暖夏凉、清洁干燥（图39）。

图40　一个小型圆顶蚁巢，由砂粒、植物材料及蚂蚁唾液黏结而成。洞口高于地面，可避免雨水侵入。洞口的朝向也有讲究，与巢内保温及通风有关。

●圆顶型　又称火山口型。这种类型的蚂蚁窝通常突出地面，圆顶覆在蚁巢的主要部分，洞口常以枯枝落叶或苔藓遮掩。巢内温度比外面高得多。小型圆顶蚁巢在自然界很常见，规模小，内部结构比较简单（图40）。大型圆顶蚁巢建筑规模相当大，内部结构复杂、齐全，里面同样建有走廊、通道、粮仓、居室、厅房和分娩室等。

图41 （A）南方红火蚁的圆顶巢，工蚁挖掘当地红壤堆成的红色蚁
丘；（B）圆顶巢内部：下方圆圈图表示蚁王在分娩室产卵，
卵由工蚁搬移安置到多个孵化室。

　　有些种类的蚂蚁能从地下挖土垒高圆顶巢，使巢的外观像一座土丘，巢的
内部却安排得井井有条。考察者想尽各种办法，通过深入细致而又科学的考察发
现，蚂蚁的地下世界和我们人类的"社区"相比毫不逊色。蚂蚁卵总是被工蚁精
心安放在接近顶层处，那里的温度有利于卵孵化；幼虫保育室宽大舒适；分娩室
设在巢区最安全的位置（图41）。

●树巢型 许多生活在热带和亚热带森林中的蚂蚁，喜欢在树木上营巢做窝，并就近捕食。蚂蚁常利用现成的树洞或树干裂隙做窝，在松软的腐木中钻洞营巢尤为常见，也有的巢窝深入到活树木枝干中。蚂蚁能咬啮、钻凿、穿空树木，但会细心地保留树皮，以起到掩蔽巢窝的作用（图42）。

图42 （A）腐木上的蚂蚁窝蔓延成片，大小洞口密布，巢窝里面满是蚁卵、幼虫和蚁蛹；（B）木蚁能把潮湿的木料咬得千疮百孔，在里面做巢。

图43 （A）树栖蚂蚁的巢窝建在高树上（图中白圈内），大小像个足球；（B）一个宫灯样混合材料筑成的树巢，巢壁上萌发出小草。

　　有些种类蚂蚁能在树冠层枝叶上建筑"悬巢"，有的会利用树叶缝制"叶巢"。有的树巢是泥质的，有的是丝质的，有的巢由腐殖质混合树皮和蚂蚁唾液制成。筑巢的蚂蚁还会搬运各种花草的种子"种植"在树上泥巢的外壁，花草种子生根、发芽，植物根须与巢窝的泥土固结一体，可以加固巢窝、防止烈日暴晒和抗御狂风暴雨（图43）。

(A)

(B)

蚂蚁搬运泥土到树上筑巢，工程量浩大，全靠工蚁小小口器和细细腿儿来修筑，成千上万只树栖蚁，川流不息地口衔泥粒，齐心向树上搬运，把泥料一层层砌上去。经过艰辛的劳动，"安乐窝"终于建造成功。

缝制叶巢的蚂蚁大多属于缝叶蚁（又叫织叶蚁）家族。通常由工蚁选择合适的阔叶树叶片，就势弯曲、拉拢，然后工蚁用口衔来幼蚁，让幼蚁吐丝黏合好叶片之间的缝隙，筑巢任务便大功告成。树上叶巢方便蚂蚁就近捕食和养育幼蚁（图44）。

图44 （A）这样的叶巢由数片叶片构成，像个空中花篮；（B）缝叶蚁用丝线将一片大树叶卷起缝制成一个粽子状叶巢。

各种蚁巢都是工蚁分工合作建成的。大群工蚁甚至能够建造异常巧妙、可以容纳成千上万个体群居在一起的"城堡"。

蚂蚁建造巢穴的工作量到底有多大？研究得知，一个成熟切叶蚁群体的规模异常庞大，每群数量可达500万～800万只。在南美洲的巴西，有人曾挖开一个切叶蚁巢，发现其中包含超过1 000个大大小小的蚂蚁居室及390个蚂蚁菌圃。据估算，这样的蚁巢由工蚁衔出并堆积在巢外地上的疏松泥土重达44吨，蚁群需要运土超过10亿次。

目前发现的世界上最大的蚂蚁窝在日本北海道沿岸地区，约有3.6亿只赤蚁，在那里构筑了直径达1米的巢穴，内有密密麻麻的4.5万个洞穴，洞穴之间有地道相通，令人叹为观止。

10. 什么食物蚂蚁最爱?

蚂蚁习惯取食什么，喜爱吃什么，研究者用"食性"来表示。不过，蚂蚁的食性很杂，肉食、素食都吃，尤其喜爱香甜的食物。

蚂蚁种类很多，俗话说："萝卜白菜，各有所爱。"蚂蚁种间的食性差别也很明显。原始、低等蚂蚁类多是肉食性掠食动物，以昆虫、蠕虫等小型无脊椎动物为食，也吃死亡鸟兽的尸体，通常主要以昆虫为食。例如生活在热带、亚热带湿润地区的猛蚁，就属于肉食性蚂蚁，其形态结构及生活方式是蚁类中最原始的，蚁巢不大，最多只有几百只个体，大多单独出巢寻找食物，有些也会成群结伴进行捕猎。现今地球上纯肉食性蚂蚁的种类比较少（图45）。

生活在澳大利亚的牛头犬蚁，是世界上最古老的大型蚂蚁，其成体能够生长至4厘米左右，也是一种极为危险的蚂蚁。它们是凶残的掠食者。它们的上颚特别

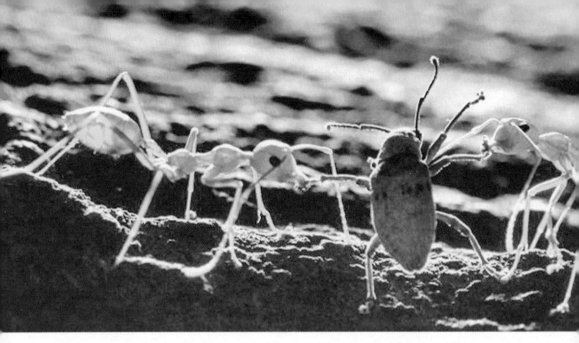

图45 喜爱肉食的蚁类主要捕食小型昆虫。图中两只黄猄蚁正在合力捕捉一只象鼻虫。单独一只昆虫无论如何也抵挡不住成群结伙的蚂蚁。

图46 一只牛头犬蚁用它长而尖锐的上颚和毒刺捕杀一只大蟑螂，这类蚂蚁是生活在澳大利亚的一类原始的猎食性蚂蚁。

图47 爱吃花蜜的蚂蚁，如同蜜蜂一样，工蚁经常外出访花吃蜜，大部分花蜜被带回巢分享给同伴。

强大，咬人很疼，会袭击多种昆虫，就连大黄蜂这类凶猛的毒蜂，牛头犬蚁捕杀起来也是十拿九稳，总能迅速杀死并吃掉被捕者（图46）。

比较高等的蚂蚁类，例如，臭蚁、拟切叶蚁等，对动植物均能取食，还喜欢取食蚜虫、蚧壳虫分泌的蜜露；有些蜜壶蚁吃蚜虫等产蜜昆虫分泌的蜜露，有的吃植物泌出叶面的蜜露；红火蚁动植物通吃，还采食植物花蜜（图47）。

大部分高等蚁类为植食性，以植物叶片、种子、果实甚至树皮等为食。植物类食物资源丰富多样，更容易获得。例如，收获蚁将种子、禾草、干果等采收并运入巢中，贮存备用；南美切叶蚁切割树叶培育菌圃，再以菌圃养殖真菌（蘑菇）作为幼蚁的食物。

有些蚂蚁类，会偷窃其他蚁巢中的卵和幼虫为食。在食物异常缺乏的情况下，许多种类的蚂蚁取食自己群中的幼体以维持生命，有时雌蚁还会取食自家的部分卵。此外，还有少数终生寄生在他种蚁巢中的特殊寄生类型。

蚂蚁的觅食方式主要有三种：简单合作觅食、小群觅食和集体觅食。这几种类型在野外都能见到。不同种类采用不同的觅食方式。例如，沙漠箭蚁多单独觅食（图48）；弓背蚁发现食物后，会做好气味标记，然后返回巢中并带领一小群同伴去搬回所发现的食物；红火蚁中一只工蚁发现食物后，会回巢通报给同伴，大批工蚁一起涌向食物，直至将食物取食完为止（图49）。

蚂蚁的躯体虽小，但食量很大，一旦找到有食物的地方，除自己吃饱外，同时也将液体食物填满嗉囊贮存，带回巢穴后，回吐出来饲喂巢内同伴。固体或碎屑食物，蚂蚁则用大颚搬运回巢，经过加工处理再食用。

图48 在食物难得的荒漠，沙漠箭蚁形成单独外出捕食昆虫或动物尸体的习性。它们是最耐热蚁类，据研究报道，这类蚂蚁能耐受高达70 ℃的温度。

图49 成群结队的红火蚁为食物而奔走，无论砾石沙滩还是积水洼地都挡不住它们。

44

社会性昆虫的取食活动中的一些奇特行为，如回吐食物、交哺喂食、贮粮备荒等，充分体现了蚂蚁群体内部的分工协作和对食物丰歉变化的适应能力。

11. 交互哺喂，和谐共处

蚂蚁普遍有一种习性，将食物暂时存放在嗉囊（公胃）里，带回巢内，并时常互相交换液体食物。两只蚂蚁见面时，会用触角轻拍对方，彼此拥抱，然后，它们嘴对着嘴，一只蚂蚁吐出一滴营养液给另一只蚂蚁吃下，后者也回吐出一滴液体反哺对方作为酬报。当工蚁饲喂幼蚁时，幼蚁也会分泌出营养液体，作为它对养育蚁的回报（图50）。

图50 蚂蚁采用口部交哺方式传递食物。图中为互相哺喂的同种同群的工蚁"姐妹"。

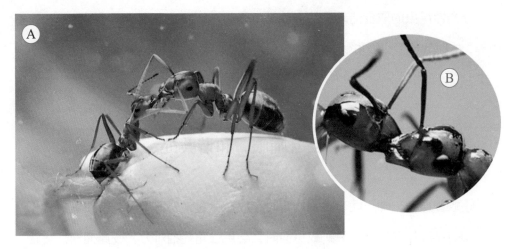

图51　（A）同群蚂蚁之间经常分享食物。兵蚁上颚特化，不能取食，需要工蚁哺喂。（B）蚂蚁友爱地嘴对嘴相互哺喂。

在一个蚂蚁群中，工蚁分工明确，年轻的工蚁照看幼蚁和蛹；中年的工蚁负责修巢、搬运食物和处理废物；年长的工蚁外出觅食。觅食工蚁采集到的固体食物用大颚搬运回巢，采集到的液体食物暂存在嗉囊中。嗉囊内的食物是为群中其他成员所留着的。当觅食工蚁返巢后，巢内想吃食物的蚂蚁用触角轻碰它的头部，饱食回巢的工蚁便将一滴液体从嗉囊转移到口部，再递送到被饲喂者的口中。通过回吐和口部交哺，蚁群得以迅速分享食物（图51）。

由于成体蚂蚁的食道非常细，前胃的开口也很小（参看图26），固体食物虽已被嚼碎成颗粒，仍无法进入胃中，因此，成体蚂蚁只能吃液体食物。所有成年蚂蚁包括兵蚁和蚁王在内，均要靠口部交哺来获取液态营养；低龄幼蚁也要依赖饲喂液体食物才能存活和生长；而高龄幼蚁则能够消化固体食物。成年工蚁把采集来的固体食物嚼碎后，传递给高龄幼蚁，固体食物经高龄幼蚁消化后成为液态食糜，再由高龄幼蚁回吐出来饲喂巢内的蚁王、成年工蚁和兵蚁。由于蚂蚁群体时时需要交哺喂食，便形成了生活一体化的生命共同体。时时分享食物既是蚂蚁世界的奇特景象，也是蚂蚁群体和谐共处的基础。

46

蚂蚁巢窝是黑暗世界，可以说蚂蚁是黑暗的爱好者，蚁王的一生都在巢穴深处的黑暗中度过，对它来说，白昼和黑夜是一样的。而作为蚁王，她受到特别精心的照顾，受到众多工蚁坚持不懈地供养、清洗、梳理和拥抱，以及护送、引导和守卫，它产下的卵同样受到无微不至地关怀和勤勉细心地照管。卵需要持续不断地接受舔吻，通过渗透得到某种滋养。幼虫和蛹茧，则需要反反复复地翻转、挪移，需要在适当的时间和合适的位置加以晾晒；还需要有像人类似的垃圾清理工作，以保持蚁巢内部的清洁卫生，保证巢内空气清新。

任何情况下，无数的工蚁从不偷懒，没有片刻的清闲，它们日复一日驯良地从事单调然而不可缺少的"家务"劳动：清扫窝巢，修建住处，照管蚁王、卵、幼虫和蛹，操办饭食，把采集携带回巢的粮食、蔬菜、水果和野味都做成馅状的、糊状的或液态羹状的，一天到晚持续不断地咀嚼、回吐、哺喂。这就是蚂蚁社群的主要生活内容。

此外，蚂蚁在伙伴的配合下，每天还要梳理和清洗自己的触角十几遍，这可不是没事闲的。触角是蚂蚁最重要的感觉器官，保持触角洁净就是在维护身体感觉器官的灵敏度（图52）。可能蚁群内部还有竞赛、角力之类的游戏，这些都有待人们进一步的探究。蚂蚁之间永不停歇地相互抚慰，是蚂蚁巢内巢外社群团结的有力保障。

图52 （A）、（B）用净角器一遍遍梳理自己的触角，这是所有蚂蚁每天必做的"功课"。

12. 友好睦邻，互利共生

多数蚂蚁喜爱甜食，工蚁外出觅食，从植物的花朵中采集花蜜；有些特别聪明狡猾的蚂蚁不从花中取蜜，而善于利用其他昆虫取得甜美的蜜露。因此，许多种类的蚂蚁和多种产蜜的昆虫睦邻相处。例如，蚜虫、介壳虫、小灰蝶幼虫等专门吸食植物汁液、分泌甜味蜜露的害虫，人类十分厌恶，却成了爱吃甜品的蚂蚁的好朋友，蚂蚁与产蜜昆虫的关系在生态学上被称之为"互利共生"，其中以蚂蚁和蚜虫的友善关系最为世人所熟知（图53）。

图53 蚂蚁照管、保护一群在植物嫩枝上吸食汁液的蚜虫，蚂蚁对待蚜虫是当作自家幼蚁一样照顾的。

蚜虫是十分常见的害虫，在任何园地或花草丛生的野外，人们都可以同时发现蚂蚁和蚜虫。蚜虫吸食植物汁液，经过消化后产出甜味的蜜露（粪便）。蚂蚁很喜欢吃蚜虫产出的蜜露，只要蚂蚁用触角或前足轻触蚜虫，蚜虫就会排泄出一

蚂蚁和蚜虫和谐地在一起，互帮互助，互利双赢。图中蚜虫既有无翅蚜，也有有翅蚜。

滴蜜露，供工蚁采食或带回蚁巢。这种现象有点像牧民按摩奶牛的乳房以挤出牛奶。当然，蚂蚁对蚜虫也很友好和"看重"，它们随时处处保护蚜虫，简直像牧人照管牧畜一样周到耐心（图54）。

西方早就把蚜虫称作"蚁牛"，意思就是蚜虫是蚂蚁放养的"牛群"。对于蚂蚁来说，蚜虫的蜜露就像牛奶一样香甜可口。

有些种类的蚂蚁简直就会豢养蚜虫，我们将这些蚂蚁特称为牧蚁或养殖蚁。春天这些蚂蚁带蚜虫到草地上进行类似"放牧"的活动，在植物枝叶上把蚜虫搬来搬去，使蚜虫方便吸食到幼嫩植物的汁液；有时还会出动兵蚁，驱赶和抵御草蛉、食蚜蝇和瓢虫等蚜虫的天敌，让蚜虫安稳地取食、生活；有时蚂蚁还把蚜虫安顿在自己的巢中，给以安全保护。气候过冷或过热，这些蚂蚁也能为之事先安排：酷暑时节，蚂蚁能在植物基部近地面处用泥土堆起一座座圆顶小凉棚，然后把蚜虫搬到里面去"避暑"；寒冷时节，会把它们搬进地下巢穴中过冬，翌年春暖时再把它们搬到菜园或草地上放牧。有些蚂蚁还会用碎纸或树叶织造帐篷状"住所"，让蚜虫居住。如此亲密的互助关系，在动物界实在不可多见。

在北美洲，有一种危害玉米的玉米根蚜。每年秋天，牧蚁从玉米田收集玉米根蚜卵，藏在自己的地下蚁穴中，使蚜卵得以安全过冬。来年春天，牧蚁把幼蚜搬到禾草的根部，玉米根蚜在那儿发育并开始繁殖。随后，牧蚁再将蚜虫转移到玉米幼苗根部，玉米根蚜在那儿又会繁殖十几代。在牧蚁的照料下，玉米根蚜由于条件适宜而大量繁殖，牧蚁也由此获得丰富的蜜露。在牧蚁与玉米根蚜的共生关系中，牧蚁起主导作用。

蚂蚁与小灰蝶幼虫，也表现出同样的互利共生关系（图55）。小灰蝶幼虫是危害枣树的害虫，体内有蜜腺，也能分泌含糖分的蜜露，为蚂蚁所喜食。在此种幼虫化蛹前，工蚁会将它们安置在蚁巢内，一直照顾到发育为成虫。

图55 （A）蚂蚁和小灰蝶幼虫是好朋友，蚂蚁舔食小灰蝶幼虫产出的蜜露；（B）蚂蚁正在把小灰蝶幼虫带回蚁巢，好让同伴也能吃到蜜露。

还有白蜡虫、木虱、叶蝉等也属产蜜昆虫，它们也能和蚂蚁建立互利共生关系，为蚂蚁提供蜜露食品，反过来它们受到蚂蚁的精心保护，免受外敌的侵扰。

这样看来，蚂蚁和产蜜昆虫们都能从共生关系中受益。不过，近年科学家发现，蚂蚁会分泌一种化学物质，用来使蚜虫镇定并抑制蚜虫翅膀的生长，使它们变得安静和行动缓慢，更加听从蚂蚁的摆布。

热带地区有些蚂蚁种类，甚至能与某些植物建立专一的共生关系。植物为蚂蚁提供蜜腺分泌物，而蚂蚁则保护植物，使其免遭植食者的侵害。例如，中美洲的拟切叶蚁与牛角相思树、举腹蚁与血桐树，均有引人注目的动植物之间的互利共生关系。

利用与其他动植物的互利共生，蚂蚁为自己的食谱增添了多种甜蜜的成分。

四 名闻世界的蚂蚁类群

13. 培植蘑菇的切叶蚁

在中美洲和南美洲茂密的热带雨林中，生活着一群群非常特别的蚂蚁，它们不利用身边现成的动植物喂养幼蚁，而是不辞辛劳地到处剪切采集大量的鲜叶，经过发酵后培养真菌，再以菌丝长出的蘑菇养育幼蚁和蚁王。原来，鲜叶经过这样的加工，不但毒性被消除，而且转化成为营养丰富、味道鲜美的蘑菇。这类蚂蚁就是全球知名的“切叶蚁”。

奇怪！小小切叶蚁真的会培植蘑菇吗？它们又是怎样培植蘑菇的呢？

切叶蚁和其他类蚂蚁一样，也是结群过集体生活的社会性昆虫。切叶蚁体色棕黄，腿长善跑，力气超大，而且从不知疲倦。最为奇特的是，它们嘴巴的一对上颚非常强大，就像一把锋利的剪刀（图56）。切叶蚁群体中工蚁每天最重要的工作，就是爬行到巢外几十米甚

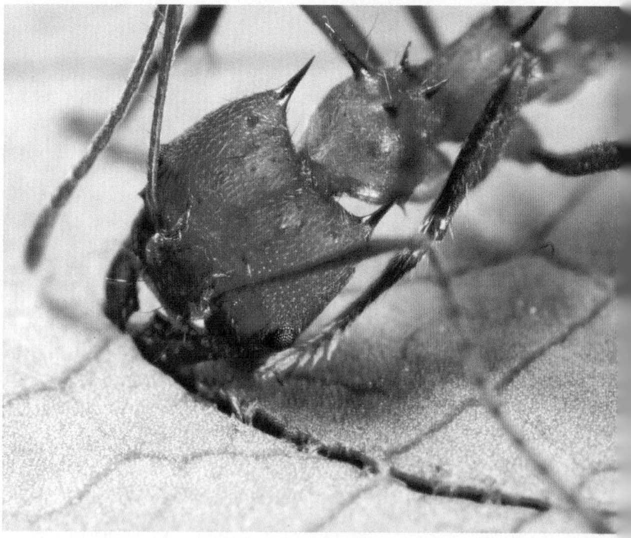

图56 瞧，一只切叶蚁工蚁全神贯注地用上颚在剪切一块树叶。

至一二百米远的地方，找到合适的树木，攀爬到高高的树上，每只工蚁用自己的口器（上颚），剪切下一块树叶或一片花瓣，用嘴叼着爬下树来，带回它们建在地下的巢窝。要知道，每只工蚁每次切下并搬走的那块新鲜叶片或花瓣，重量都超过蚂蚁本身体重的好几倍（图57）。这些碎叶片和花瓣就是它们用来生产蘑菇的基础材料，这类蚂蚁也正因此而成了出名的"切叶蚁"。

图57 切叶蚁用上颚夹住并叼起剪切下来的新鲜叶片，准备下树回巢。

图58 切叶蚁的运输队伍络绎不绝，趴在运输叶片上的是照管运输大军的小工蚁，运叶工蚁上颚叼住叶片，无法抵御来犯天敌，要靠小工蚁来赶走乘机前来偷袭的昆虫。

在切叶蚁群体中，大型工蚁外加部分小型工蚁充当"兵蚁"，它们的职责是保护专注做"切叶""运叶"工作的工蚁，使它们免受天敌的侵害（图58）。

每天离巢负责去搜寻、剪切和搬运叶子的主要是中型工蚁，它们通过腹部的快速振动，产生如同电锯般的效力，把叶子一块块地切割下来。每群切叶蚁拥有庞大的叶片采集和运输队伍，一个成熟的切叶蚁群，可能有多达几百万只的工蚁，有时数以万计的切叶蚁工蚁同时在一棵树上忙碌地剪切和搬运，一夜之间，它们能把整棵树的树叶剪光、运走。

切叶蚁体能惊人，搬运速度极快，切下叶片后，每只工蚁都用上颚夹住叶片或花瓣，用嘴叼着自己的"劳动成果"，头部朝下轻松、快速地爬行下树，飞快地朝蚁穴进发。当成群结队的切叶蚁忙着搬运树叶或花瓣时，数以万计切叶蚁的队伍看起来就像一支没有尽头、高举着彩旗的游行大军，真是"蚁多势众"（图59）！

从树上下到地面的运输大军，带着叶片，成列成行，沿着最短的路线纷纷

图59 （A）切叶蚁口叼叶片，一个挨一个爬行下树的情景；（B）不同种类切叶蚁选择各自喜爱的叶片剪切和运走；（C）花瓣也是用作蘑菇菌圃的好材料。

奔回它们的地下巢窝（图60A）。切叶蚁的巢窝在林中地下，工蚁在巢窝里建有许多宽敞的小室，这就是它们的"蘑菇种植园"（图60B）。

切叶蚁群是高效率工作的典范，群中个头特大的工蚁充当"兵蚁"，承担保卫家园的任务；中等体形的工蚁负责觅食、切割树叶，并将叶片搬运回巢；大量体形较小的工蚁来回联络，穿梭于搬运队伍的周围，主要承担护送和警戒的任务，防止寄生蝇等天敌来偷袭专注于搬运叶片的工蚁。一切都是那么井然有序，有条不紊。

图60 （A）地面上绵延不绝采集叶片的队伍，走在回巢的最短路径上；（B）地下蘑菇园里无数小工蚁在哺喂、侍奉蚁王，大片白色物为菌丝。

图61 切叶蚁工蚁为自家的百万成员生产加工食物的地方——菌圃，小工蚁们在咬碎嚼烂叶片，白色物为正在繁殖生长的菌丝。

　　树叶被一批批运回巢内，被移交给家族中的小个头工蚁，由它们运进菌园，再不停地把树叶咀嚼成细糊状，拌上幼虫和蚁群的粪便，混合做成培育蘑菇的"土壤基质"——菌圃，然后在上面播种它们喜欢食用的真菌菌种。真菌迅速生长，长出一层白白的菌丝，不久便形成菌丝团（图61）。

　　切叶蚁菌圃由巢中个头最小的工蚁管理，它们一方面用菌丝团喂养幼蚁；同时清除菌圃中的害虫和消毒杀灭霉菌，适时修剪施肥，清理垃圾以及调控温、湿度，促使培植的真菌健康生长，等到蘑菇长成就采收贮藏。巢内还有一批特殊的工蚁充当"清洁工"，负责将菌圃内的废物和死蚁尸体搬运到远离主巢的地方堆放。切叶蚁还会利用细菌所产生的抗生素对付菌圃内的杂菌，它们使用抗生素的

历史比人类掌握青霉素的技能早很多。

切叶蚁经营的这种可繁殖的菌圃，能占到蚁巢面积的3/4，许多菌园长达1米以上，绵延成片。蚁群中某些蚂蚁能够传播运送菌种，从事"开发"的工作。当年轻的有翅繁殖蚁离开旧巢婚飞后去营建新居时，口中携有培植真菌的孢子囊，到达新巢后即播下菌种，这样可以保证后代出世后就有充足的食粮。

菌类食品含有丰富的营养，切叶蚁把它作为食粮，喂养后代幼蚁。对于切叶蚁来说，蘑菇就是它们的粮食库。因此，它们十分注意呵护、管理菌圃。切叶蚁群中那些个头特大、身强体壮、威风凛凛的"兵蚁"（图62），通常便担任保卫种植园和蚁王的任务。兵蚁不敢有丝毫的懈怠，日夜严防外来蚁入室盗窃。由于"兵蚁"出身于大工蚁，所以它们平时也会帮助清运垃圾。

图62 这是一种切叶蚁的兵蚁，其身强体壮，头部宽阔，巨大上颚形如锯刀，不愧为当家蚁王及蘑菇培植园的最佳守卫。

根据学者的研究，在植物种类极其丰富多样的中美洲、南美洲热带雨林，已知切叶蚁的种类达47种。不同种类切叶蚁的身体结构有所差异，生态习性自然也不尽相同，它们所喜好剪切的植物叶片及其培植的真菌（蘑菇）种类都各有选择（图63）。

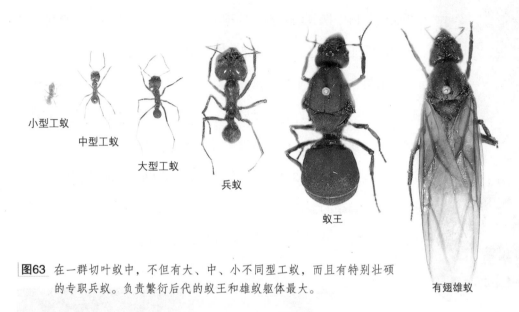

小型工蚁

中型工蚁

大型工蚁

兵蚁

蚁王

有翅雄蚁

图63 在一群切叶蚁中，不但有大、中、小不同型工蚁，而且有特别壮硕的专职兵蚁。负责繁衍后代的蚁王和雄蚁躯体最大。

　　切叶蚁成虫可部分取食植物叶片及汁液，但幼虫必须用培育的真菌饲喂；而该种真菌需要在切叶蚁巢中得到培植才能繁衍。因此，切叶蚁和它们所培育的真菌之间是一种互利的"共生关系"。

　　切叶蚁已经进化专门的方式获取营养，它们是蚂蚁家族中唯一能够切割新鲜植物作为原材料，并用来种植作物（蘑菇）的昆虫类。依靠这种组织严密的分工合作，切叶蚁有比其他蚁类更大的优势，它们甚至能在一个蚁群中组织起100多万只工蚁，而且一窝切叶蚁群体的生存年限可能超过10年。它们比人类更早掌握了培养蘑菇的技术，比人类养殖蘑菇的历史早得多。

　　多种切叶蚁上颚的锐利程度十分引人注意，这也成了圭亚那印第安土著医生做外科缝合手术时的"帮手"，他们先将病人的伤口对合，操控兵蚁用双颚咬紧伤口两边进行"缝合"，然后剪去蚁身，留下的蚁头代替羊肠线，以帮助伤口愈合。

14. 采收种子的收获蚁

收获蚁是蚂蚁家族中生态习性十分特殊的一支。顾名思义，收获蚁是惯于采集并收获植物种子的蚂蚁。每到植物种子成熟的季节，一群群的收获蚁，整天忙于采收、搬运和储粮的活动。这类蚂蚁以能够收获野外的种子并去皮、分类储存而闻名世界（图64）。

图64 结伴外出寻找种子的一种红色收获蚁工蚁。头部大，身上有白色直立的针毛是这类蚂蚁形态上的共同特征之一。

为什么收获蚁要忙于采收种子？这要从它们的分布地区和栖息环境说起。

目前，全球已知的收获蚁有80多种，主要分布于干旱半干旱地区。收获蚁和栖息在热带森林的切叶蚁截然不同，它们生活的环境年降雨量很少，气候干旱，植物生长季节短。旱季时干热异常，草木稀疏，到处一片荒凉。每当这个季节，动物很难在野外找到食物。如同我们人类知道要"储粮备荒"一样，长期生活在干旱地区的收获蚁，形成了在植物成熟季节大量采收、贮藏植物种子的习性（图65）。

收获蚁在干燥的地下巢窝中大量存储采收来的食物材料，以备干旱缺粮时期充饥。这些营养价值高的种子成为它们最重要的食物，可维持蚁群度过整个不良季节。由于储粮的多少关系到蚁群的生活大计，因此，每年收获季节来临，收获蚁便紧张忙碌地

图65 （A）在植被稀疏的荒漠地面上，一只收获蚁工蚁正匆忙往巢窝里搬运它搜集到的一粒蒲公英种子；（B）这一小群收获蚁丰收了！

四处采收，有时其采收地域甚至延伸到人类居住的村落附近。

　　无论美洲、亚洲或非洲干旱地区的收获蚁，都有采收、贮藏植物种子的习性，只不过它们采收到的物品和搬运、储存的方式因种而有差异（图66）。

图66 收获蚁是蚂蚁家族中著名的大力士，它们不在意搬运的种子连皮带壳有多重，它们喜欢健全的种子，收集到了便高兴地往巢窝搬运。图A中正在搬运一粒完整种子的是东亚荒漠草原地带的针毛收获蚁。图B为一群黑色收获蚁找到一批禾草种子，正在往巢窝方向搬运。注意：群中有大小不同的工蚁。

图67 在收获蚁地下巢窝的洞口附近，已经积累了一些运回的谷物种子。工蚁有办法把它们一一搬回地下巢窝里。由于生活在干旱地区，收获蚁的洞巢通常深入地下。

不同种类的收获蚁搬运种子的方法有所不同，有的小组合作，十几只共同搬运一粒大种子；有的单独卖力，用强壮的上颚咬紧一粒种子搬运回巢。

聪明的收获蚁会优先搬运本族群喜欢食用的种子，多数选择并贮藏干燥、饱满而健全的种子。有人调查得知，收获蚁运回蚁巢贮藏的种子，是它们取食量的5~10倍；每年从荒漠土壤中搬走的可食用种子占其总量的9%~26%；对于它们喜欢食用的种子，在其巢区周围的几乎100%被运回了蚁巢（图67）。

收获蚁的群体结构中有个突出的特点，就是大多数种类的工蚁多型，从下图中能够看出工蚁体形大小有明显的差别。不同体形的工蚁尽其所能担负不同的工作（图68、69）。

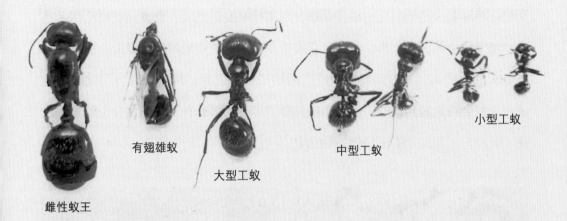

小型工蚁

有翅雄蚁

中型工蚁

大型工蚁

雌性蚁王

图68 原产于亚洲的黑色收获蚁，品级包括雌性蚁王、有翅雄蚁和工蚁。工蚁分为大、中、小三型。

有翅雄蚁

大工蚁

小工蚁

图69 原产于美洲的一种红色收获蚁，大工蚁身强力大，是群里的"兼职兵蚁"。

外出采收的大批工蚁运回蚁巢的种子，会被转交给在浅层巢室中负责加工的小型工蚁，它们逐粒咬掉粗糙的种皮，制成"蚁米"，再转运到深层巢室贮藏备用，并将外壳清理出蚁巢。通常收获蚁取食"蚁米"时，先由小工蚁将其咬碎，

63

并混合唾液制成易于消化的糊状食糜，用来饲喂高龄幼蚁；食糜经幼蚁消化后进一步加工成液体食物，再供成年收获蚁食用。有的收获蚁特别喜爱取食植物种子上含有的油质体，有些油质体被吃后的种子仍能发芽。那些未脱皮而发芽的种子，工蚁会将其搬到巢外，任其生根长叶，等到新植株种子成熟后，工蚁再去收获（图70）。多么会过日子的收获蚁啊！

图70 在不同环境条件下，不同种类收获蚁都尽可能采集各种食物。（A）收集果实；（B）种子是收获蚁的最爱；（C）禾草、秸秆也要；（D）运气好，找到一粒卵。

当然，收获蚁并不是只吃植物种子，年景不好的话，就连叶子、茎秆也得采收和食用；如果运气好的话，它们更喜欢吃工蚁捕到的荒漠昆虫、蠕虫或其他营养丰富的动物性食品。

15. 贮蜜度荒的蜜壶蚁

所有蚂蚁几乎都有贮藏食物的习性。大多数蚁类把食物或食材搬运到蚁巢中存储备用。然而，在蚁类家族中竟然还有一支独特的另类，它们用身体储存蜜液，留到食物短缺时食用。它们就是世人无不称奇的"蜜壶蚁"。

蜜壶蚁原产于墨西哥干旱地区。目前，全世界已知30多种，分别生活在美国西部、墨西哥和澳大利亚的干旱地区。它们最喜爱的食物是植物的花蜜或产蜜昆虫排出的蜜露。由于栖居地旱季时这类食物奇缺，使得蜜壶蚁形成了"贮蜜备荒"的习性。

与其他蚂蚁类一样，蜜壶蚁群也是由雌性蚁王、雄蚁和工蚁组成的社会性昆虫。不同的是，群中部分工蚁自愿担负"贮蜜"的任务，它们成为特型专职的"贮蜜蚁"（图71）。

贮蜜蚁怎样存储液体蜜汁呢？蜜蜂把酿制的蜂蜜存放在蜂巢里，而贮蜜蚁与蜜蜂不同，它们把蜜液储存在自己身体的嗉囊里。

图71 嗉囊储满了蜜液的一只贮蜜蚁，腹部其他器官被挤到了一边，整体看起来像个"大肚壶"或"细颈瓶"。

图72 贮蜜蚁"蜜壶"的颜色不一样，有的色浅，有的色深，这是因为工蚁采食的花蜜种类不同的缘故。

图73 成排悬挂在蚁巢顶壁的一群贮蜜蚁。它们用一对前足牢牢抓住蚁巢顶壁，即使死后也不会马上掉下来。

图74 悬挂在巢顶左侧的一只贮蜜蚁的蜜壶瘪瘪的，壶内蜜液已经快要发放完了。

嗉囊实际上是贮蜜蚁的消化器官的一部分，也就是人们称为的"公胃"或"社会胃"。这个胃囊天生巧妙地与蚂蚁本身的胃肠消化系统分隔开，贮藏在嗉囊内的所有蜜液，专门保留给群体中别的饥饿的蚂蚁食用，贮蜜蚁本身是不会消费所贮藏的蜜液的（图72）。

当食物丰盛的季节到来时，蜜壶蚁群中的觅食工蚁离巢去采集花蜜或蜜露，自己吃掉一小部分，大部分存于"公胃"中。蜜液被工蚁带回蚁巢后，以口部交哺的方式喂给贮蜜蚁。采蜜和供蜜的工蚁多了，大量蜜露会源源不断地存入贮蜜蚁的"公胃"，当"公胃"中贮满蜜液，贮蜜蚁的体积可能膨胀到原来的8～10倍，成为一个专门存储蜜液的微型"活仓库"。沉重滚圆的"蜜壶"使得一些贮蜜蚁难以站立或行走，它们只能以足附着、静静地悬挂在蚁穴的顶部（图73）。

正是因为有这支特殊的"贮蜜度荒"志愿者队伍，整个蜜壶蚁群才能平安度过饥荒季节。有人考察发现，一个数千只蜜壶蚁的群体中就有多达1 500只的专职贮蜜蚁。

当食物短缺季节来临，或许蚁王释放某种信息素作为指令，或许巢内其他饥饿的成员用触角轻敲贮蜜蚁，贮蜜蚁便立即回吐出存储于体内的蜜液，供给同伴食用充饥（图74）。

研究得知，澳大利亚蜜壶蚁，一窝蚂蚁的数量在1 000～4 000只之间；北美蜜壶蚁一窝蚂蚁的规模略大，个体数量较多。两类蜜壶蚁的巢室顶部都呈拱形，便于贮蜜蚁倒挂；巢室深入地表下至少20厘米，既可提供保护，又能保持一定的温度和湿度。

图75 北美蜜壶蚁的地下蚁巢。通常体形较大的工蚁成为贮蜜蚁。有的贮蜜蚁倒挂在洞顶的时间可能长达数月。

　　无论是澳大利亚蜜壶蚁或是北美蜜壶蚁，当嗉囊充满蜜液腹部完全胀大后，它们将无法通过狭窄的巢穴通道外出，因而会被终生"禁闭"在蚁巢内（图75）。一旦蚁群受到外族敌蚁的袭击，贮蜜蚁自然成了首先被抢掠的对象。而当一只贮蜜蚁体内蜜液全部献出后，它那长期严重变形的身体也难以完全复原。因此，作为志愿者的贮蜜蚁，是维护蜜壶蚁群体生存和发展的奉献者。

蜜壶蚁的贮蜜工蚁舍己为群的行为，虽是值得赞誉的，但实际上蜜壶蚁是一类有害昆虫。它们不但在原产地中美洲和南美洲严重危害农作物和植物，而且入侵至澳洲等地，几乎遍及所有林园和村镇。它们贪婪地吞食种植园中的香蕉、葡萄、橘子、凤梨和甘蔗，甚至偷吃仓库里的食糖和甜食，还大肆吸取多种花蜜，直接妨碍植物的传粉和养蜂业，成为当地严重的有害蚁类。

　　因为蜜壶蚁体内的蜜露主要含葡萄糖和果糖，味甜可口，所以许多人有挖巢吃蜜蚁的习惯。据称，蜜壶蚁不仅味道鲜美，而且营养价值极高，人们像吃葡萄一样将蜜壶蚁放入口中，或整个吃掉或只吃那金黄色圆鼓鼓香甜的"蜜壶"（图76）。有些人甚至用蜜壶蚁来酿酒。

图76 放在手掌中的贮蜜蚁像一粒粒饱满的小葡萄。

16. 游牧生活的行军蚁

　　行军蚁分布在南美和非洲，一部分迁移到北美和亚洲大陆，主要生活在热带和亚热带湿润森林地区。我们知道，大多数种类的蚂蚁食性杂，无论动物、植物、腐尸、碎屑都吃，行军蚁却是一类专爱吃肉的蚁类，在它们的头部口前方有一对天生的捕猎利器——上颚，兵蚁的上颚既长又尖锐，如同镰刀（图77）。

图77 行军蚁的兵蚁天生一对超长而锐利的上颚，一看就知它们够厉害，既善于捕杀猎物，也能够保护蚁群。（A）兵蚁平常行走的样子；（B）兵蚁张开双颚，亮出武器，扑向猎物。

图78 （A）一种行军蚁蚁王，它的腹部比较长，身边有兵蚁和工蚁在保护和照顾它；（B）这种行军蚁蚁王的腹部特别长，这有利于快速"泵"出卵来，也便于随同蚁群行军游牧。

喜爱吃肉的行军蚁，必然发展成为到处游猎的大蚁群。行军蚁又称军团蚁或军蚁，喜欢大群聚在一起，组成浩浩荡荡的捕猎群体，就像一支"军队"一样。一般来说，一个行军蚁群有一二百万只在一起，包括巨量工蚁和适量的兵蚁及雄蚁和蚁王。行军蚁单一群体一天便能够捕杀约3万只昆虫等猎物。行军蚁没有永久固定的蚁巢，它们是过游牧生活的特殊蚁类，它们习惯于在迁移行动中发现、捕获和吃掉猎物。吃光附近的猎物后便集体"行军"，迁移到别的地方继续捕猎。

行军蚁体形比普通蚂蚁大，看上去非常凶猛。蚁王身体长长的，乍看样子有点像"蜈蚣"，它的腹部长，怀卵量多（图78A）。研究者通过实验考察得知，一种行军蚁的一只母蚁王每月产卵多达300万～400万粒，平均每分钟能生产3～4个后代（图78B）。

行军蚁兵蚁"武器"精良，上颚像两把弯钩，颇具杀伤力。工蚁虽然身体比兵蚁小得多，但也有一对锐利的上颚。

有些种类的行军蚁有专门的大个头兵蚁，一对锐利的钩镰状或弯刀一样的上颚是捕杀猎物的利器。有些种类有大、小两型工蚁，大工蚁兼职做兵蚁。

行军蚁不但上颚超强，而且它们的唾液里含有毒素，猎物遭咬伤后，很快由于毒素的麻痹作用而失去抵抗力。因此，行军蚁不但能够捕食昆虫、蠕虫、千足虫、蜘蛛、蝎子等小型无脊椎动物（图79），即使身体比它们大百倍、千倍的蟾蜍、蛇类、野鼠甚至野猪、豹子等，如不小心或逃避不及，也可能沦为行军蚁的美食。

行军蚁集体出发捕食猎物的时候，排成密集而规则的纵队前进。有些行军蚁一离开宿营地，队伍就分支再分支，采取广阔的扇面队形前进，大面积包抄并围

图79 依仗蚁多势众和锐利的上颚，无论什么动物行军蚁都敢杀能吃，蝎子、蜈蚣等毒虫也不在话下。图示为行军蚁围捕猎物的情景。

攻猎捕对象。它们所到之处，所有行动迟缓的动物立即被撕咬成碎片，吃不完的由工蚁携带前行（图80）。

　　行军蚁的"主力部队"前进时，前卫线上和两翼是长着巨颚的兵蚁，中间是工蚁以及被严密保护的蚁王。行军蚁大军前进时犹如汹涌的潮水。有人见过长达100米、宽15米的行军蚁队列，那真是动人心魄，在此范围内所有来不及逃走的鲜活动物，都会被行军蚁的狂潮淹没掉。蚁多势众、蚁海战术是行军蚁捕食的特点（图81）。

图80 身陷"蚁海"的大蚂蚱，即刻成了非洲行军蚁的美餐。被围住的飞虫虽有发达的双翅，却已经飞不起来，在劫难逃。

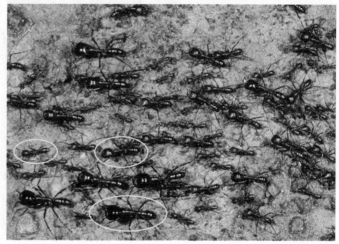

图81 行军蚁正在行进，注意：这支队伍中有大、中、小三型工蚁（见椭圆圈内）。

73

图82 数以十万计的行军蚁蜂涌前行，争过一座独木桥。

　　行军蚁行动迅速，一小时能够移动20米左右。它们由蚁王带动，依靠集体的力量前行，几乎是不可阻挡的，遇有沟渠阻路，它们身体勾连成团，像球一样滚动连接成蚁桥，让大军通过。不论有多少成员在开路、搭桥时牺牲，它们从不退缩，从不停止行军（图82、83）。

图83 行军蚁利用修长灵活的6条腿，互相勾连成蚁链。工蚁"逢山开路，遇水搭蚁桥"，保证大军畅行无阻。

图84 行军蚁对同类其他蚁群同样会狠下杀手，它们会偷走别的蚁群的卵和幼虫，携带到宿营地后当作点心吃掉。

行军蚁通常白天行军捕猎，夜晚"露营"休息，也有的种类在夜晚或清晨捕猎。它们露营并不搭建巢窝，而是集体抱团休息，工蚁在外圈，兵蚁和幼蚁在里面，蚁王在中间。每过一段时间（约两三周），蚁王周期性生产日期到来，它们才会暂时停下脚步，搭建临时产房和宿营地，好让蚁王安然产下一大批卵，并由工蚁负责帮蚁王"妈妈"照管安顿卵（图84）。

不久，大量卵粒孵化为工蚁，只有极少数卵孵化为雌性"准蚁王"；同时有一小批（1 000多粒）卵孵化为有翅雄蚁。当雄蚁发育成熟时，会飞到别的行军蚁群里，寻找那个群里的"准蚁王"——未受精雌性蚁，交配繁育后代，从而避免近亲繁殖。

行军蚁群中的幼蚁全都靠工蚁哺育，每只幼蚁都有工蚁在照管。

图85 军团行进中工蚁携带幼蚁，兵蚁看护队伍，有些工蚁在两侧奔驰忙碌，给伙伴带来食物，并从幼蚁身上摄取极受欢迎的甜味分泌物。

图86 携带幼蚁及蚁蛹的行军蚁队伍有序地行进。这次行军的目标是去袭击一个黄蜂巢。

等到蚁王所产的一批卵全都孵化为幼蚁，蚁群需要重新出发捕猎的时刻，工蚁会携带所有幼蚁一起行军，继续它们的游牧生活（图85、86）。

行军蚁是世界上最可怕的蚂蚁之一，也是迄今为止造成人类伤亡事件最多的蚂蚁类。非洲地区一些原住民懂得用行军蚁帮助缝合伤口，他们让行军蚁上颚咬进伤口边缘的皮肤，再把行军蚁的胸腹部去掉，代替手术缝合，利于伤口愈合。

17. 掳掠成性的"蓄奴蚁"

蚂蚁社群中，绝大多数类群靠采食植物或猎杀其他动物为生，少数蚁类靠培养蘑菇或储存蜜汁作为食粮。这已经够令人称奇了，可是，自然界中还有更奇特的蚂蚁类，那就是专靠掳掠他种蚁类来给自己做"奴蚁"的"悍蚁"。因此，悍蚁又被称为"蓄奴蚁"。

在悍蚁蚁群中，令人奇怪的是，不像其他蚂蚁那样，既有专门负责打仗的兵蚁，也有专管劳作的工蚁，而是所有的工蚁都变作了兵蚁。这也就是说，一窝（或一群）悍蚁全都是兵蚁。

全世界已知的悍蚁有8种，种类虽不多，却赫赫有名，它们都会蓄养他种蚂蚁作为"奴蚁"。

凭什么悍蚁能够奴役他种蚁类呢？你瞧！真的是"名如其蚁"。悍蚁体大健壮，群内所有工蚁都是强悍勇猛的战士，全身枣红色，外壳闪亮发光，如同身披铠甲的"武士"（图87）。有生殖力的雄蚁全身漆黑。

图87 身体强悍、上颚超大、外壳坚固、生性凶猛的悍蚁。

悍蚁最突出的特征是头部有一对坚强锋利的牛角状上颚，边缘带有锯齿，尖端极为锐利。这对超级上颚，成为悍蚁骁勇善战、掳掠"奴蚁"的神勇"武器"。

由于悍蚁的口器（上颚）变形成了精锐武器，虽特别适用于刺穿其他蚂蚁的躯体，但却变得不适于劳作。日常生活中无论觅食、哺幼、育雏、筑巢等工作，悍蚁都无法亲自承担，必须依靠抢来的"奴蚁"，替它们寻找食物、照管幼蚁、清洁巢窝、饲喂蚁王，就连雄赳赳的悍蚁本身，也不能自行吃食，全要靠"奴蚁"一口口地饲喂。

如果没有"奴蚁""回吐服务"的帮助，悍蚁上颚太长、舌头太短，根本就不能进食，即使抢来很多吃的，仍然会饿死（图88）。

图88　左上方（灰色）的"奴蚁"不断地嘴对嘴喂食悍蚁，吃"奴蚁"回吐的食物成了所有蓄奴蚁正常的进食方式。

悍蚁除了抢掠、斗殴以外，平时无所事事，即使在搬家挪窝时，也不肯自己行走，也要让"奴蚁"将它们搬运到新巢。离开了"奴蚁"，悍蚁就无法生存下去，它们成了地地道道的过寄生生活的"奴隶主"（图89）。

悍蚁的"奴蚁"是哪里来的呢？"奴蚁"是被抢掠来的。悍蚁群体的唯一职责就是打仗，它们大规

图89　枣红色的悍蚁和黑色"奴蚁"相安无事地生活在一起。如果不是"主奴"关系，蚂蚁窝巢里是绝不允许有他种蚁类存在的。

模集结，在侦察蚁的带领下离开巢穴，排成纵队，气势汹汹地杀向邻近的他种蚂蚁的巢窝（图90）。

悍蚁袭击和抢夺的对象，主要是个头较小、防卫较差的丝光褐蚁或新红林蚁等。如果受攻击的蚁群不赶紧撤退逃走，而还要奋起抵抗，一只只蚂蚁很快就被锋利的"牛角刀"刺穿脑袋，蚁群立马溃不成军。悍蚁蜂拥而入，找到受害蚁群的育幼室，如同强盗一般叼走里面的蛹和幼虫，凯旋而归（图91）。

图90 强大的悍蚁攻入比它们弱小的别种蚁类的巢窝。

图91 （A）被抢蚁巢中的工蚁急忙叼起自家的幼蚁，奋力夺路而逃；（B）得胜的悍蚁抢走了别人家的蚁蛹，兴冲冲地搬运回巢。

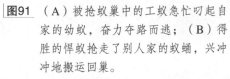

倒霉的遭遇抢劫的蚁群，如果蚁王还在，四散躲藏的工蚁便立即收拾起残存的幼蚁和卵，重建家园或迁居他处，恢复遭到重创的群体。而那些被悍蚁掳走的蛹和幼虫，搬运时有的受到损伤，也有些被悍蚁大军及其"奴蚁"亲兵吃掉，少数幸存者，一旦被带回悍蚁巢窝，就交给老"奴蚁"照料。这些幼虫和蛹在悍蚁的巢中，身上被涂抹上悍蚁家族的气味物质，它们长大以后，都服服帖帖成了新的"奴蚁"，心甘情愿为悍蚁"主子"尽力工作，包括充当悍蚁的"亲兵"，跟随外出"打家劫舍"。

"奴蚁"寿命一般不长，常折损减员。因此，每隔一段时间，悍蚁就要发动战争，再去掠夺足够数量的"奴蚁"，来伺候整个悍蚁群。在一个有3 000只悍蚁的蚁群中，"奴蚁"的数量竟然多达6 000只。一位瑞士昆虫学家曾经观察到，一个约有1 000只悍蚁的蚁群在一次大获全胜的征战中，竟然俘获了2万多的蚁蛹及幼蚁。

悍蚁对邻近蚂蚁群的偷袭、征战并非每次都得手，但其抢掠本性难改，一旦攻破被抢蚁群的防线，它们都要带走一批该蚁群的幼蚁和蚁蛹，削弱该种蚁群的力量，同时将异族幼蚁和蚁蛹养育成为"奴蚁"。这些"奴蚁"长大后会死心塌地地跟随悍蚁，再次去抢掠自己的嫡亲姐妹蚁群。

多么强悍、聪明、狡诈而又诡计多端的悍蚁！

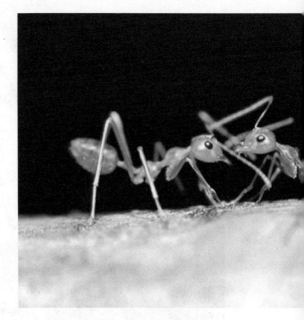

18. 缝叶蚁怎样"缝制"叶巢?

缝叶蚁(又名织叶蚁)主要生活在南亚印度、东南亚和澳洲北部沿海地区以及非洲的热带、亚热带雨林,这些地方气候一年四季暖热潮湿,林木枝繁叶茂,各种动物繁衍不绝。缝叶蚁是群体生活的肉食性蚁类,工蚁成群结队外出捕猎,各种陆地生活的小型无脊椎动物,包括昆虫、蠕虫、蜗牛等,它们几乎都能捕杀。它们也喜欢吃产蜜昆虫分泌的蜜露。

目前全世界仅存2种(包含十几个亚种)缝叶蚁,其中,产于亚洲温暖地区及我国南方的缝叶蚁体色金黄,又叫黄猄蚁;产于澳洲的缝叶蚁,腹部绿色,又叫绿树蚁(图92)。

在缝叶蚁栖居的热带森林环境中,食物丰足,随处可得;而"住处"却需要细致地选择。可能由于当地雨林地表层过于潮湿,不利于筑巢;或由于林木高处利于

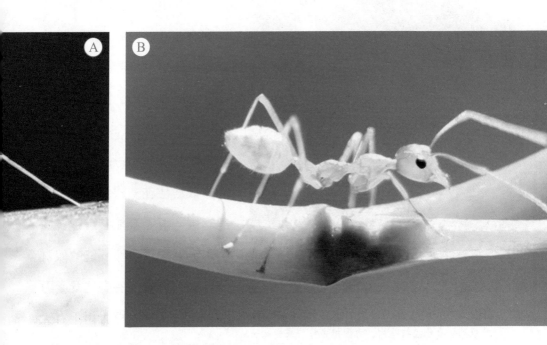

图92 缝叶蚁工蚁体长约1厘米,复眼很大,腿极细长,触角超长。(A)黄猄蚁;(B)绿树蚁。

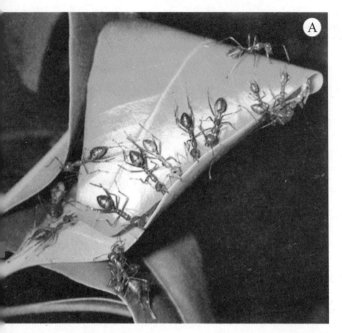

躲避食蚁动物的侵害，缝叶蚁家族不在地面或地下筑巢，它们就地取材，祖祖辈辈选择在树冠层缝制"叶巢"，这就是它们得名缝叶蚁（或织叶蚁）的缘由。

缝叶蚁建造的叶巢，因材施用，有大有小，有的像个荷包，有的大如网球。叶巢能够防水防晒，保护蚁王、幼蚁和蚁卵，同时使蚁群免遭地面天敌的袭扰。有时候，缝叶蚁仅用一片或两片叶子就可以做成一个叶巢，但也能将许多叶子黏合在一起，做成很大的叶巢。不同群的缝叶蚁群采用不同叶片缝制叶巢，因此，叶巢多种多样（图93）。

数量很多的一群缝叶蚁可能分散居住在一棵树的几个巢里，同一群甚至能够跨越多棵树木分开居住。亚洲缝叶蚁群相当庞大，有时有多达几十万只的工蚁，在一棵大树上有大小叶巢五六个至十几个甚至更

图93 （A）单一叶片折卷缝合成的小型叶巢；（B）缝叶蚁列队合作拉拽叶片，力图把多片芒果树叶子缝合成较大的叶巢。

多，有时在邻近树木上绵延筑巢超过100个。

不过，同一缝叶蚁群无论建有多少个叶巢，却仅有一个共同的蚁王"妈妈"，它通常固定待在一个叶巢中产卵，有些卵由工蚁搬运分散到其他叶巢中照管和孵化。缝叶蚁的空间筑巢活动，形成了能够控制树冠层食物资源的网络。

那么，缝叶蚁是怎样在树上"缝制"叶巢的？坚挺的叶片又是怎样被拉拽缝合成为能够防风避雨的适宜居室的呢？

简要来说，叶巢是靠蚁群通力协作制成的。缝叶蚁工蚁腿长灵巧，建巢时挑选坚韧结实、宽大的叶片，众多工蚁个挨个排好，一起用中、后足紧紧抓住一侧叶缘，用嘴和前足牢牢咬住和抓紧另一侧叶缘，合力将叶片拉拢靠近（图94）。

图94 缝制叶巢的工蚁合力把叶片拉拽到一起。从它们列队建巢的架势，足见其信息联络多么高效，行动何等规范迅速！

如果想要拉到一起的叶缘之间的距离太远，身长、腿长的几只工蚁立即将腿足勾连，搭成连接缝隙的"蚁链"，再一起用力小心地将叶片拉拢（图95）。

终于，建巢叶片被拉拢靠近了。这时，另一批工蚁赶快用口衔来一只只鲜活的高龄幼虫，这些幼虫丝腺已经发育完成。工蚁以上颚轻轻挤压幼虫身体，让幼虫分泌并吐出黏性的丝线，借助丝线将叶片黏结完好，加固整个叶巢。重复以上过程，就可制成一个封闭的能够遮风挡雨的挂在树上的叶巢（图96）。

可见，缝叶蚁幼虫对叶巢的建成起重要的作用。缝叶蚁幼虫被缝叶蚁当作筑巢的"工具"，低等无脊椎小昆虫缝叶蚁，竟然会使用"工具"，这一奇特的现象引起了科学界极大的震惊与关注。是的，缝叶

蚁正是依靠这种世代相传的绝技，建造起堪称"空中楼阁"的无数叶巢，延续着家族数千万年的血脉。

为什么缝叶蚁要拿幼蚁来吐丝筑巢？因为缝叶蚁成体工蚁体内没有丝腺，不能吐丝。高龄幼虫丝腺产生的丝，原本是幼虫发育中做茧化蛹所需的，如果它的丝贡献给了群体，也就意味着这只幼虫做不成丝茧，也就化不成蛹，等于为集体而牺牲了。

缝叶蚁具有极强的领地意识和攻击性，它们严密地保卫自己的王国，它们的通信系统惊人地灵敏，可快速集结成一整支队伍来对付入侵者。它们追逐邻近缝叶蚁群中胆敢闯进其地盘的成员，并且格杀勿论。它们还会消灭其他蚁种的工蚁或兵蚁，就连被它们抓到的昆虫也不能幸免。在缝叶蚁的巢区范围内，任何入侵者（包括人类）都会遭到其兵蚁卫士勇猛的反击（图97）。有些缝叶蚁不但会咬

图97 闯入黄猄蚁防区的一只黑蚁，遭遇到缝叶蚁群激烈的撕咬和围堵，黑蚁已经肢体伤残，触角被咬掉，生还无望。

图98 （A）一群黄猄蚁捕到一条"巨无霸"大虫。（B）有毒的蝎子也敌不过成群的黄猄蚁。几乎所有被捕杀的猎获物都被拖回蚁巢中，成为蚁群的美味佳肴。

人，还会喷射刺激性毒液。

　　我国广东省林区的缝叶蚁（就是黄猄蚁），捕食能力强，善于捕食多种害虫，能在柑橘园中捕食大绿蝽、吉丁虫、橘红潜叶甲、天牛、丽金龟、叶甲、叶蜂等。当地的果农早就知道利用黄猄蚁来控制柑橘园的害虫，其效果很好。黄猄蚁因此成为我国最早应用于生物防治的天敌昆虫之一（图98）。

黄猄蚁既是应用于生物防治的天敌昆虫，也是当地居民喜爱的一道昆虫食品。在泰国，黄猄蚁卵作为美味食材在市场上销售，价值堪比鱼子酱。

19. 危险的外来客——红火蚁

红火蚁是火蚁家族的成员，目前全世界有280多种，它们是一类小型蚂蚁。红火蚁工蚁体长只有3~6毫米，除后腹部为黑色外，全身红色或棕红色；工蚁腹部后端有一根毒刺，人被这种毒刺螫后会引发剧烈的如火灼般的疼痛感。因此，这类蚂蚁被统称"红火蚁"（图99）。

图99 红火蚁尾刺排放的毒液能引起过敏反应，严重时甚至致人死亡。

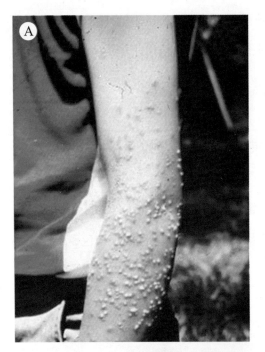

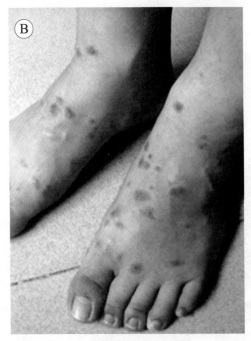

图100 （A）被红火蚁螫叮的患者胳膊上满是水疱，可能感染成为脓疱；（B）被螫叮红肿的双脚。

红火蚁属于最危险的蚂蚁类之一。一般蚂蚁进行攻击时用口咬，将蚁酸注入被咬者的伤口；红火蚁的攻击不同，它们先用口咬，再把尾刺螫入，并注射含有生物碱及毒蛋白的毒液。据报道，红火蚁侵入美国后，每年有数以百万计的人被螫受伤，超过80人因毒素过敏伤害致死（图100）。

红火蚁原产南美洲，早就臭名昭著。1918年，一艘来自南美的货船无意间将红火蚁带到美国，随后蔓延入侵美国南部和西南部13个州，泛滥成灾。虽然美国和世界各国皆极力防范红火蚁入侵，然而借助世界交通之便及贸易全球化，通过货柜运输及园艺引种等途径，到了2001年，这种危险的外来客跨越大洋从美国扩展至澳大利亚、新西兰及我国台湾，随后传入广东、香港、澳门等地。

红火蚁为完全地栖型蚁类。食性杂，动植物通吃，觅食能力强，善于捕食昆虫、蜘蛛、蜈蚣、千足虫及蚯蚓等小动物，甚至攻击蛙类和蜥蜴；这种蚁也采食植物花蜜与种子，可取食100多种野生花草及50多种农作物。红火蚁群体的生存和发展需要大量营养物质，尤其需要糖分。因此，其工蚁常成群取食植物汁液、花蜜，或从蚜虫、介壳虫身上获取它们排泄的大量蜜露，所以红火蚁也就成为蚜虫和介壳虫等农业害虫的保护伞。

和其他蚂蚁类群一样，红火蚁也是典型的社会性昆虫，群体中各个品级齐全（图101）。

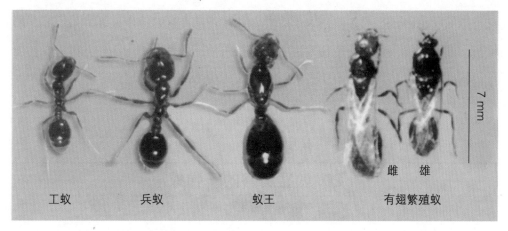

工蚁　　　　　兵蚁　　　　　蚁王　　　　雌　雄　　有翅繁殖蚁

7 mm

图101 红火蚁群体各品级。雌性有翅繁殖蚁个头比雄性大。

一个成熟的红火蚁巢内可能有多达24万只工蚁，普通巢内也聚集有8万～10万只。巢中的一只蚁王每天可产1 500粒卵。有些一巢共有多只蚁王的种类每天产卵达4 000多粒，因此，红火蚁的繁殖速度很快。

红火蚁是出名的农业及医学害虫，由于入侵红火蚁的大量捕食活动，能够导致本土蚂蚁种群数量剧减，各种地面筑巢动物也会显著减少，致使生物多样性下降，带来严重的生态灾难。

一个大型红火蚁蚁巢的觅食蚁道可从蚁丘向外延伸几十米远，沿途有通向地面的开口，它们的筑巢与采食植物的活动会损毁入侵地区的农作物，造成农作物产量减损，成为农业生产的大敌。大批红火蚁聚集，还常引起野外电气及其他设备的损毁。

由于入侵红火蚁的蚁巢能够构筑在多种生境，如稻田、菜地、果园、竹林、旷地、荒坡甚至居民住房、校园和公园绿地、草坪等处，与人接触机会较多，叮人现象时有发生。有人遭受成群红火蚁叮咬，立刻产生剧痛，接着出现灼伤般的水疱。如果水疱变为脓疱破裂，极易引起二次感染。如果大量红火蚁毒液同时注入人体，可能会使受害者发生过敏反应而有休克死亡的危险。

目前许多国家和地区的科技工作者，针对这种害蚁，除采取加强检疫、严防扩散、药剂杀灭、蚁巢处置等常规方法外，还进一步研究应用火蚁基因、火蚁寄生蝇等科技新方法，力求更安全有效地防治这种危险的入侵物种。

20. 凶猛厉害的子弹蚁

子弹蚁生活在美洲热带雨林，属于拟猛蚁类当中极其出名的一类掠食性蚂蚁，全世界这一属蚁类现存仅此一种，是目前地球上体形最大的蚂蚁之一。工蚁体长达2～3厘米。子弹蚁身体突出的特点是，上颚非常强壮有力，如同一副"板斧"，并且有厉害的尾刺，会分泌强烈的神经毒素，使被刺动物剧痛不已（图102）。

子弹蚁在受到干扰或惊吓时会跳跃逃走，也可能以攻为守，返身咬刺。子弹蚁是所有能螫人的昆虫中毒性最为剧烈的，人遭到叮咬后虽然不会致命，却能造成巨大的痛苦，就像被子弹射中一样，而且那种剧痛感在24小时之内难以消减。因此，在拉美地区子弹蚁又被称为"24小时蚁"。

子弹蚁在地下筑巢居住，大多选择在植物根部周围建巢，并在附近植物丛

图102 生活在热带森林中的子弹蚁，外貌凶猛强悍，上颚强大有力。

中捕食。在雨林内的树干、叶片或花朵上时常能见到寻找食物的子弹蚁工蚁（图103）。

图103 大名鼎鼎的子弹蚁在花间找虫，它的站立姿态如同猎人在搜寻猎物。

图104 （A）气势汹汹的子弹蚁逼近捕猎对象，幼蛙危在旦夕；（B）通常，子弹蚁捕杀多种昆虫为食，蝗蝻双翅尚未长成，子弹蚁很容易捕杀它。

子弹蚁食性特殊，喜好单独寻找和捕食，以各种昆虫和蠕虫为食，就连小型蛙类也敢于并能够捕食（图104）。

令人难以想象的是，在亚马孙土著民族男子的"成年礼"中，人们会预先从丛林中成批收集子弹蚁，装入一种用叶子织成的特殊手套里，给参加成年礼的男子套上，以此考验参与者对剧痛的耐受力。受测试男子必须任凭手套内的子弹蚁叮咬至少10分钟，能够忍受住那种折磨人的剧痛，才被承认已经"成人"。

这种别出心裁的"成人仪式"，使得当地一些少男大都亲身经历过子弹蚁的叮咬。据说，叮咬初时感到痛彻心扉，过后毒液毒性发作，疼痛感更为剧烈，手变得麻木瘫痪。那种令人抓狂的剧痛足足24小时以后才能缓解，幸好过后身体不会留下永久性损伤。

21. 天生蚂蚁好斗成性

在昆虫世界里，唯独蚂蚁社会具备有组织的"军队"，并频繁地进行"战争"。这就是说，蚂蚁不但天生好斗，而且成群"开战"，如同人类社会的"战争"。

蚂蚁打仗靠什么？蚂蚁的上颚就是它们天生的武器，上颚占身体的比例通常很大。不同种类上颚的样式千差万别，钩、剪、锯、钳、刀、叉等样式都能见到。所有蚂蚁都使用上颚作为常规武器。许多种类上颚锐利的尖端能够在瞬间刺穿敌蚁的头颅，其锋刃能够锯断对方的脖颈或大腿（图105A）。

有些蚂蚁还拥有化学武器，有的在身体颚部有螯刺和毒腺；有的腹后有尾刺，而且配套的毒腺就在肛门附近。和蜜蜂类不同，一只蜜蜂的毒刺只能用一次，而

图105A 图中4种蚂蚁同属切叶蚁家族，上颚样式却各有千秋，可都十分强大和锋利，既是剪切树叶的工具，也是打斗的兵器。

93

图105B 眼睛超大的猛蚁，不但上颚尖长如长刀，而且有一根能注射毒素的尾刺，就连蜇刺很厉害的大黄蜂也会遭它刺杀。

蚂蚁的毒刺可反复使用，即使毒刺退化的蚂蚁仍可从身体的开口直接喷射出毒液。不过，蚂蚁的化学武器并不轻易使用。在紧迫情况下，才会启动喷射有毒气雾，用来麻痹或者黏住对手，达到克敌制胜或掩护撤退的目的（图105B）。

如同人类社会，在蚂蚁世界里各种各样的"战争"也都发生过：开战、集结兵力、强攻、伏击、偷袭；斩尽杀绝的遭遇战，局部零星的游击战，坐以观望的防守战，宏大壮观的保卫战，凶狠猛烈的突袭战，死不退缩的突围战，迷惑对手的退却战，等等。总之，蚂蚁身上既有与生俱来的战斗武器，也有聪明绝顶的战争谋略（图106）。

图106 两军开战，蚁兵出动如同潮涌。双方各自出动了多少兵员，有谁能说得清！

群蚁争斗，胜负难分。蚂蚁所表现出来的保卫群体及护卫后代的勇气，似乎胜过我们人类。英勇无畏的蚂蚁军团，从来不在乎来犯之敌的数量和个头，总是义无反顾地全群出动抵御来犯之敌，有时入侵者会因此受到"震撼"而放弃进犯，双方罢战休兵，各自回巢。

无论如何，蚂蚁是强有力的，它们装备精良而且兵力充足。许多种类的蚂蚁既与不同种类的蚂蚁发生战争（图107），也和自己的同种不同群蚂蚁发生争斗（图108）。

图107 两只不同种类蚂蚁不期而遇，一场你死我活的单兵对决正在上演，大块头蚂蚁明显占优势。蚂蚁之间大欺小、强凌弱随时随地都在发生。

图108 两只同种不同群蚂蚁的生死搏斗，一蚁咬住了另一蚁的要害部位，输赢很快就见分晓。

例如，广泛分布、无处不在的铺道蚁，在路边随处可见。它们个头很小，但数量惊人，犹如一支英勇无畏而纪律严明的庞大军队，它们从来只有进攻，当有敌蚁或猎物出现时，它们会团团包围，潮水般将其淹没。

值得说道的是，蚂蚁同种不同巢工蚁之间相互搏斗的规模也很壮观，场面相

当震撼，千万只蚂蚁上颚对上颚厮打，互相扼住对方的头颈，折断对方的肢体，交战双方似乎卷入地盘争夺战，战争可能持续一两天，最后往往两败俱伤、尸体成堆（图109）。

图109 蚂蚁打架动真格的，往往尸横遍地，伤残累累。

红褐林蚁的庞大群体，经常欺压较小群体，它们喜欢发动针对同类其他群体的抢食战争，特别是在食物短缺时期，这种袭击时常出现。红褐林蚁还经常袭击其他种类蚂蚁。

织叶蚁群体领域性很强，它们属于爱寻衅滋事的类群，其"外交政策"只有"野蛮"两字，实行永无休止的侵犯，武力夺取其他蚁群的地盘，以及尽其所能地消灭邻近群体；更不会给误入其势力范围的别群蚂蚁全身而退的机会。

在蚂蚁群体保卫战中，马来西亚雨林中有一种弓背蚁的兵蚁，会发动"自杀式"的化学防御战。它们体内充满有毒分泌物，当这种蚂蚁在战斗中被敌蚁牢牢按住时，便极度收缩肌肉，使腹部猛然破裂，大举向敌方喷射毒液，以击退来犯之敌，同时召唤援兵。

许多研究者认为，蚂蚁之间的所有冲突与征战，全都与夺取地盘和食物有关。但是，有的昆虫学家经过大量研究后认为，蚂蚁部落之间的战争并不全是为了争夺食物，也不全是为了抢夺地盘，而是蚂蚁对异味不能容忍引起的。即使同种但不同巢的蚂蚁，身上的气味也不相同，这和蚂蚁巢窝的建筑材料、储藏食物和本身的分泌物的差异有关。每只蚂蚁都习惯于本巢的气味，对异味有强烈的辨别能力和排斥本能，一旦嗅到不同"气味"的蚂蚁进入自家的范围，就会立刻追歼咬杀。蚂蚁对气味的分辨力极强，能准确地分辨多种气味。它们把释放和接受气味当作传递信息、辨别方向和识别敌我的手段。

生性好斗的蚂蚁，虽然时时处处发生"争斗"或"战争"，无论如何，它们在地球上已经延续了亿万年，蚂蚁家族能够平衡族群的力量，掌控家族的发展，只要人类不去剿灭它们，蚂蚁依然会"开战""谋生""繁育"，继续保持族群的繁荣和活力，在地球生物圈中占据它们应有的地位。

22. 蚂蚁家族何以繁荣昌盛？

蚂蚁家族种类繁多，"蚁丁"兴旺，生态类群多样，分布地域广阔，在地球上世代延续了亿万年，不断演绎着令人叹为观止、刮目相看的蚂蚁社会。

在弱肉强食、生存竞争残酷激烈的自然界，体形渺小、微不足道的蚂蚁何以能够长盛不衰？

蚂蚁族群之所以恒久不衰，首先是因为蚂蚁是群居动物，是善于成群结伙的社会性昆虫。在地球生物圈中蚂蚁之所以能取得惊人的成功，首先在于它们能够迅速集结形成难以抗拒的力量，而这种力量来自群体严密的组织和全体成员的精诚合作。群体成员一起工作，一起建筑巢穴，一起分享食物，共同照管卵、幼虫和蛹，使它们的后代能够成批安全地成长（图110）。

图110 无数非洲行军蚁集结在一起，在地面上形成了一道"蚁线"，它们且行且捕食，周围所有动物如不逃避，便是自滔蚁海，必遭灭顶之灾。

图111 群蚁正在围捕一只瓢虫。

其次，蚂蚁躯体小，小有小的好处，仅需很少的食物便可完成生长、发育并繁育后代。蚂蚁善于利用各种各样的食物资源，动物、植物、甜食、腐尸、碎屑、昆虫粪便（如蜜露）等。地球上只要是含有营养成分的物质，都有蚂蚁家族成员在利用，而且大多数种类蚂蚁是杂食性的。蚂蚁身上既有常规武器——发达的上颚，也有超级化学武器——毒腺和毒刺，因此捕食成功率高（图111）。

蚂蚁的咀嚼式口器，既可咀嚼昆虫、蠕虫、种子、树叶、嫩枝等固体食物，又可取食蜜露、花蜜、营养液、露水等液体食物。蚂蚁群体具有的回吐食物及口部交哺的取食方式，使群体所有成员能够及时吃饱喝足、茁壮成长。食物充足是蚂蚁能够不断繁殖大批后代的保证（图112）。

图112 工蚁在花中采蜜。许多种类的蚂蚁喜欢甜食，即使是肉食性蚁类，也时常爱吃些蜜糖换换口味，滋补身体。

同时，蚂蚁仅需很小的空间便可以构筑栖身场所，极易隐蔽避敌。世界各个生态带都有相应的蚂蚁类群，森林、草原、荒漠、山地、农田、果园，都有蚂蚁的足迹。在世界的各个角落蚂蚁都能存活，包括人类居住地和居民住宅都有蚂蚁的身影。蚂蚁虽小，却占据了广泛的生态位，它们把家园建在地下、地上（蚂蚁丘）、空中（树上）、树木中、岩石缝隙里等。蚂蚁修筑的家园符合安全、实用、有利于养育后代的要求。许多窝巢就在它们的食物资源地，捕食生活都很方便。

蚂蚁身体虽小但非常精干，科学的身体结构和完美的生理机制使得蚂蚁能经受住种种考验，有能力保护群体，有办法维护家族的安全（图113、114）。

图113 遇到危险和紧急情况，绿树蚁工蚁和兵蚁不顾自己，团团围住保护本群蚁王。它们知道，只要蚁王"妈妈"在，群体重建就有希望。

图114 遭受水灾，家园被淹，眼看无路可逃的红火蚁，竟然集结在一起，身体勾连成团，借助体毛形成的一层空气膜，成为一个漂浮在水面的蚁体"救生筏"，就这样群体同心协力保住了大伙的生命。

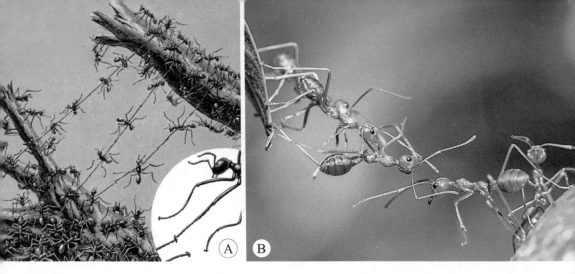

图115 蚂蚁用长腿互相勾连，搭成"蚁桥"（A、B），让蚁群迅速行进。高等动物包括人类皆无此种能力。蚂蚁这套高难度群体"杂技"，肯定有快捷准确的信息联络才能完成。

蚂蚁能力超群，运动灵活，具有捕获猎物及抵御敌害的特殊本领，既能远距离奔走，也能搬运很重的食物，能在变换不断的环境中出发并回到蚁巢，有高效畅通的信息联络，能迅速准确地实现群体行动，共同克服前进道路上的种种障碍和困难（图115）。

蚂蚁的生殖力惊人，其繁殖数量和速度都无与伦比，这也是蚁族繁荣昌盛的重要原因。所有工蚁都是无生育能力的雌蚁，但却会热心照顾母蚁王生产的后代。蚂蚁这种由蚁王不停地产卵、交给工蚁照顾的繁育方法，比每只蚂蚁都自己产卵自己照顾更有效率。蚂蚁和那些只管生不管养、高产卵量低成活率的动物不同，蚂蚁对后代（包括卵、幼虫和蛹）关怀备至、爱护有加（图116）。

图116 蚁王每次成批量生产后代，是名副其实的产卵机器。产下的卵立即由工蚁安顿和照料。

100

有性雌、雄蚁有翅能飞，给求偶、婚配、繁衍后代和扩大分布区带来莫大好处。婚飞避免近亲交配，新蚁王取代老蚁王，有利于维持蚂蚁群体的平衡和活力。

社会性昆虫蚂蚁的生殖方式，使其整体力量和优势得到几何级数的增强，因此形成如此繁盛的蚂蚁王国。

总之，蚂蚁家族之所以繁荣昌盛，是它们的形态、生理、生态和生殖等多方面优势综合作用的结果，也可以说是大自然造就了蚂蚁家族。

23. 蚂蚁族群的 "益" 与 "害"

任何一种动物有益还是有害，说到底都有两面性，而且和数量有关。

数量巨大的蚂蚁以其生命活动与地球环境及人类的生产、生活发生密切的关系。

● **疏松土壤**　有人估计全球每天至少有1 000多万亿只蚂蚁在爬来钻去，它们因筑巢而挖掘大量泥土，估计每年有80亿吨土壤被蚂蚁翻动。蚂蚁是天然的松土机器，蚂蚁疏松土壤的功效比蚯蚓大得多。蚂蚁通过生命活动，参与土壤中物质及元素的流通与循环，从而提高土壤肥力。

● **防治害虫**　蚂蚁食量大，掠食性蚂蚁的食物中60％是活昆虫，其中，大部分为农林害虫。普通一窝蚂蚁每天总共能吃掉1千克害虫。猛蚁专爱取食白蚁，是白蚁的天敌。行军蚁是土栖白蚁的劲敌，能将整巢白蚁歼灭。国内外都有许多成功利用蚂蚁进行森林保护的范例。例如，国外利用林蚁等消灭毛虫、叶蜂、松尺蠖、松带蛾、松夜蛾等，我国果农早在1 000多年前就懂得利用黄猄蚁控制柑橘园的虫害。

● **传粉授粉**　蚂蚁传播花粉的本领高强，其传粉授粉活动的范围比蜜蜂更广泛，森林里的下木层、灌木和地被物大多由蚂蚁进行异花授粉（图117）。

图117 蚂蚁传粉。

● **食用及药用** 在世界许多地方，人们会食用蚂蚁和蚂蚁卵及幼虫。哥伦比亚人收集并食用切叶蚁已有上百年的历史，在一些村落，蚂蚁甚至被作为传统婚礼的必备礼物。北美原住民历来有食用蜜壶蚁的习俗。墨西哥有两种蚂蚁卵，被当地人当作美食享用，誉为"昆虫鱼子酱"。蚂蚁食品销售到加拿大、英国和日本，每千克价值达到90美元（图118）。在亚洲，我国早在《周礼·天官》等典籍中就已有食用蚂蚁的记述。泰国等地利用黄猄蚁卵、幼虫及成虫制作泰式沙拉，是当地居民和旅游者喜欢品尝的风味食品。

图118 国外超市出售的罐装蚂蚁食品。

近年研究发现，黄猄蚁、黑多刺蚁、大黄蚁、子弹蚁等蚁类体内含有治疗某些疾病的物质，已有实验证明疗效明显，具有潜在开发价值。

另一方面，有些种类蚂蚁是地道的害虫，许多人经受过蚂蚁群的祸害。

它们有的和人类争夺食物，有的损害农林果木等作物，有的传播多种疾病。入侵红火蚁更是多方面的害蚁。好吃甜食的蚂蚁，几乎遍布各地园林和村镇，贪婪地吞噬各种水果和其他食品，还大肆吸取花蜜，直接影响植物的传粉和养蜂业。有些蚂蚁成群爬进蜂箱，偷食蜂蜜；蜜蜂虽有毒刺，但却奈何不了微小的蚂蚁，进入蜂箱的蚂蚁多了，危害到整箱蜜蜂的安全，箱内蜜蜂纷纷逃亡，给养蜂者造成重大损失。

许多种类的蚂蚁时常侵入人类住宅，惯于窃取居民储存的食物，同时污染食品、传播疾病。那些与蚜虫、介壳虫、小灰蝶幼虫等有害产蜜昆虫互惠共生的蚂蚁类，成为害虫的"保护伞"，间接危害植物。例如爪哇大头赤蚁、台湾大头赤蚁保护金鸡纳树上的害虫，而使金鸡纳树受害严重。

蚂蚁是有益还是有害，其实很难截然分清，需要对不同的蚂蚁类群做具体分析，另外也和我们人类对蚂蚁的了解与认识深度有关。

---

24. 世界不能没有蚂蚁

当今昆虫是地球上最占优势的生物，而在所有昆虫中，个体总数最多的类群属于蚂蚁和白蚁。科学家估计，在全球陆地所有动物的生物量（干重）中，蚂蚁和白蚁各占10％；而在热带雨林中，蚁类所占的比例更高。可以说，在整个地球生态系统中，蚂蚁起着非同小可的作用；在生物世界中，蚂蚁扮演着不可缺少的角色。在地球上，除极地地区及终年积雪不化的高山以外，所有土壤表层都生活有蚂蚁。蚂蚁的总生物量远远超过陆地各种脊椎动物的总和（图119）。

借助新设备和新技术，人们能够清楚地观察研究蚂蚁身体和行为的一些细节。人们看到，蚂蚁使用非凡的生存策略：种植真菌、收获种子、放牧产蜜昆

图119 这一窝木蚂蚁的数量之多、蚁巢规模之大不得不令人惊叹，这就是"木蚁丘"。它们蜂拥出巢到地面上来，必定有它们自己的理由。

虫、建筑巢穴、合作捕食、储蜜度荒、社会性寄生、蓄养"奴蚁"……这些都极大地引起科学家和公众的好奇和兴趣，从而促进蚂蚁研究的进展，包括对蚂蚁的潜在资源、分类系统、药用机理、行为生态以及分子生物学等方面的研究。近年，科学家发现了决定蚂蚁社会等级的基因。随着对蚂蚁研究的深入，蚂蚁家族神奇的生理生态之谜定将逐步揭开。人类必将有办法全面掌控蚂蚁，趋利避害、科学地对待和利用蚂蚁。

身体微小的蚂蚁，以天文数字般的数量和巨大的生物量，以及无与伦比的独特的行为生态，日益引起科学界的注意。世界权威科学家认为，"人类无法想象今后没有蚂蚁的地球，如同不能想象早先没有蚂蚁的地球"。

让我们认识蚂蚁、了解蚂蚁，愿人类和蚂蚁并存共荣！

参考资料

威尔顿·欧文公司. 昆虫王国[M]. 冯常娜, 译. 北京：中国地图出版社, 2013.

莫里斯·梅特林克. 蚂蚁的生活[M]. 张念群, 译. 哈尔滨：哈尔滨出版社, 2004.

陈义, 许智芳. 无脊椎动物生活趣闻[M]. 南京：江苏科学技术出版社, 1981.

但建国, 陈菊培. 趣味昆虫[M]. 北京：中国农业出版社, 2008.

荷尔多勒, 威尔逊. 蚂蚁的故事[M]. 夏侯炳, 译. 海口：海南出版社, 2003.

龚泉福, 高洁. 蚂蚁·养殖·利用[M]. 上海：上海科学技术文献出版社, 1995.

梁祖霞, 顾云琴. 趣味昆虫世界[M]. 北京：石油工业出版社, 2003.

李典忠. 蚂蚁生产技术[M]. 北京：中国农业出版社, 2004.

李秋霞, 贺达汉, 长有德, 等. 蚂蚁取食行为研究概况[J]. 宁夏农学院学报, 2000（02）：94-97.

林育真. 动物生态学浅说[M]. 济南：山东科学技术出版社, 1982.

林育真. 动物精英[M]. 济南：济南出版社, 2005.

林育真, 付荣恕. 生态学（第二版）[M]. 北京：科学出版社, 2011.

林育真, 许士国. 隐秘的昆虫世界[M]. 济南：山东教育出版社, 2013.

林育真, 赵彦修. 生态与生物多样性[M]. 济南：山东科学技术出版社, 2013.

乐文俊. 昆虫的趣闻轶事[J]. 昆虫知识, 2000, 37（4）：243.

曲传智, 郭泓平. 蚂蚁·人类[M]. 郑州：河南医科大学出版社, 1998.

冉浩. 蚂蚁之美（进化的奇景）[M]. 北京：清华大学出版社, 2014.

朱曦. 蚁类的功与过[J]. 大自然, 1987, 21（2）：94-97.

尚玉昌. 蚂蚁的视觉、听觉和触觉通讯[J]. 生物学通报, 2000, 41（7）：21-22.

尚玉昌. 蚂蚁的化学通讯[J]. 生物学通报, 2000, 41（6）：14-15.

沈鹏, 赵秀兰. 红火蚁的入侵对本地蚂蚁多样性的影响[J]. 西南师范大学学报（自然科学版）, 2007, 32（2）：93-97.

唐觉, 李参, 张本悦, 等. 有害蚂蚁及其防治[J]. 昆虫知识, 1989（5）：289-291.

王常禄. 合理开发和利用蚂蚁资源[J]. 森林病虫通讯, 1994（4）：36-38.

王思铭, 陈又清. 蚂蚁与排泄蜜露的同翅目昆虫的相互作用及其生态学效应[J]. 应用昆虫学报, 2011, 48（1）：183-190.

吴坚, 王常禄. 中国蚂蚁[M]. 北京：中国林业出版社, 1995.

吴志成, 吴斌. 蚂蚁的食用及药用（修订版）[M]. 北京：金盾出版社, 2005.

袁兴中，刘红，李金波． 我国蚂蚁资源及其开发利用展望[J]． 资源开发与市场，1995，11（1）：9 -12.

杨集昆． 昆虫世界[M]． 西安：天则出版社，1988.

杨冠煌，李旭海． 蚂蚁[M]． 北京：中国农业出版社，2002.

张智英，李玉辉，赵志模． 蚂蚁与蚁运植物的互惠共生关系[J]． 动物学研究，2002，23（5）：437-443.

赫依特． 蚂蚁帝国[M]． 李若溪，译． 海口：海南出版社，2002.

郭豫斌． 锹甲·步甲·蚂蚁[M]． 北京：东方出版社，2013.